# 法律基础与农村法规

◎ 秦关召　冯万贵　田玮玮　主编

中国农业科学技术出版社

**图书在版编目（CIP）数据**

法律基础与农村法规／秦关召，冯万贵，田玮玮主编 . —北京：
中国农业科学技术出版社，2017. 3

ISBN 978 - 7 - 5116 - 2999 - 9

Ⅰ. ①法…　Ⅱ. ①秦…②冯…③田…　Ⅲ. ①法律 – 基本知识 –
中国　Ⅳ. ①D920. 4

中国版本图书馆 CIP 数据核字（2017）第 045107 号

| | |
|---|---|
| 责任编辑 | 白姗姗 |
| 责任校对 | 杨丁庆 |

| | |
|---|---|
| 出 版 者 | 中国农业科学技术出版社 |
| | 北京市中关村南大街 12 号　邮编：100081 |
| 电　　话 | （010）82106638（编辑室）　（010）82109704（发行部） |
| | （010）82109709（读者服务部） |
| 传　　真 | （010）82106650 |
| 网　　址 | http://www.castp.cn |
| 经 销 者 | 各地新华书店 |
| 印 刷 者 | 北京富泰印刷有限责任公司 |
| 开　　本 | 850mm ×1 168mm　1/32 |
| 印　　张 | 6. 875 |
| 字　　数 | 166 千字 |
| 版　　次 | 2017 年 3 月第 1 版　2019 年 10 月第 3 次印刷 |
| 定　　价 | 38. 80 元 |

# 《法律基础与农村法规》
## 编 委 会

主　　编：秦关召　　冯万贵　　田玮玮

副主编：伍均锋　　葛万钧　　王伟华

　　　　李振红　　王海红　　叶继炎

　　　　李富国　　于　卿　　陈洪利

　　　　宫田田　　卢　英　　王高帅

　　　　刘　兰　　董曙红　　贾新杰

　　　　王纪民　　胡海建　　宋会萍

　　　　张改霞　　乔超峰　　杜会元

编　　委：史文丽　　厉宝翠　　栾丽培

　　　　王　娇　　郑文艳

# 前　言

　　农业是国民经济的基础，农业发展离不开农民的法律意识的提高和国家的扶持政策及支持，特别是国家的宏观政策和地方的支持政策一定要到位，做到宣传到民、服务到民。

　　本书分为两篇，上篇是法律基础，详细介绍了包括宪法与行政法、民法、刑法、诉讼法等在内的一整套我国法律制度；下篇是农村法规，主要介绍我国根据当前形势推出的各种农村法律制度和农业政策。

　　本书围绕大力培育农民，以满足农民朋友和农村干部的需求。重点介绍了法律基础及农村法规的基础知识。书中语言通俗易懂，适合广大农民和农村干部学习参考。

编　者

2017 年 2 月

# 目　录

## 上篇　法律基础

# 下篇　农村法规

# 上篇　法律基础

# 第一章　宪法与村民自治法

## 第一节　国家的根本制度

### 一、人民民主专政制度

我国《中华人民共和国宪法》（以下简称《宪法》）第一条第一款规定："中华人民共和国是工人阶级领导的、以工农联盟为基础的人民民主专政的社会主义国家。"宪法的这一规定，明确了我国的国家性质，即社会主义制度是我国的根本制度，人民民主专政是我国国家性质的具体体现。

人民民主专政是我国的国体，亦称国家性质，即国家的阶级本质，它是由社会各阶级、阶层在国家中的地位反映出来的国家的根本属性。它包括两个方面：一是各阶级、阶层在国家中所处的统治与被统治地位；二是各阶级、阶层在统治集团内部所处的领导与被领导地位。

人民民主专政实质上即无产阶级专政。人民民主专政是无产阶级专政的一种具体表现形式，二者在精神实质上、核心内容上是根本一致的。这表现在：领导力量一致——中国共产党；阶级基础一致——工农联盟；专政职能一致——保护人民，打击敌人；历史使命一致——实现共产主义。

人民民主专政制度的阶级结构为：①工人阶级为领导阶级，工人阶级（通过中国共产党）对国家的领导是人民民主专政的根本标志。工人阶级能够成为我国的领导阶级，是由我国工人阶级的本质、特点和肩负的历史使命决定的。②以工农联盟为阶级基础，以知识分子为依靠力量。我国革命和建设的发展历程表明，工人阶级领导的工农联盟是夺取新民主主义革命胜利的重要保证，也是社会主义事业胜利发展的重要保证。现阶段，工农联盟是我国实行社会主义市场经济的主要依靠力量，是党和国家制定政策和法律的出发点和依据。知识分子从来都不是一个独立的阶层，而是从属于不同阶级的特殊阶层。在现阶段，我国的知识分子从总体上讲已经成为工人阶级的组成部分，在国家建设中发挥着非常重要的作用。因此，《宪法》序言中规定："社会主义的建设事业必须依靠工人、农民和知识分子，团结一切可以团结的力量。"

### 二、人民代表大会制度

政体又称政权组织形式，是指统治阶级按照一定的原则组成的、代表国家行使权力以实现阶级统治任务的国家政权机关的组织体制。

人民代表大会制度就是指我国人民在中国共产党的领导下，按照民主集中制的原则，依照法定的程序，选举产生全国人民代表大会和地方各级人民代表大会，并以人民代表大会为基础，建立全部国家机构，以实现人民当家做主的制度。

人民代表大会制度的基本原则就是民主集中制。所谓民主集中制，就是既有民主，又有集中，在民主的基础上实行集中，在集中的指导下实行民主，将民主与集中有机结合的一种制度。

人民代表大会制度在我国国家生活和社会生活中发挥着极为重要的作用。具体作用有：保障国家的社会主义性质；保障人民当家做主的主人翁地位；调动中央与地方两个积极性，保障国家权力的顺利实现；保障平等的民族关系，等等。

人民代表大会制度不仅是我国国家机构和国家政治生活的基础，是其他政治制度的核心，而且也是我国人民实现当家做主的基本形式。因此对我国来说，人民代表大会制度是极其优越的制度，主要体现在：①人民代表大会制度适合中国国情，是我国人民革命政权建设的经验总结，因而具有很强的生命力；②人民代表大会制度便于人民参加国家管理；③人民代表大会制度便于集中统一行使国家权力。

### 三、经济制度

经济制度是指一国通过宪法和法律调整以生产资料所有制形式为核心的各种基本经济关系的规则、原则和政策的总和。我国 1999 年通过的宪法修正案规定："国家在社会主义初级阶段，坚持公有制为主体、多种所有制经济共同发展的基本经济制度，坚持按劳分配为主体、多种分配方式并存的分配制度。"

#### （一）社会主义公有制是我国经济制度的基础

我国宪法修正案规定："中华人民共和国的社会主义经济制度的基础是生产资料的社会主义公有制，即全民所有制和劳动群众集体所有制。"全民所有制和劳动群众集体所有制是我国社会主义公有制的两种基本形式。全民所有制经济即国有经济是国民经济中的主导力量，控制着国家的经济命脉，决定着国民经济的社会主义性质，我国宪法规定："国家保障国有经济的巩固和发展"；集体所有制经济是我国社会主义公有制的重要组成部分，我国宪法规定："国家保护城乡集体经济组织的合法的权利和利益，鼓励、指导和帮助集体经济的发展。"

#### （二）非公有制经济是社会主义市场经济的重要组成部分

我国宪法修正案规定："在法律规定范围内的个体经济、私营经济等非公有制经济，是社会主义市场经济的重要组成部分。"2004 年通过的宪法修正案规定："国家保护个体经济、私营经济等非公有制经济的合法的权利和利益。国家鼓励、支持和引导非公有制经济的发展，并对非公有制经济依法实行监督和管理。"

# 第二节　做好国家公民

【经典案例】

　　某商场近来经常失窃。一天中午，女顾客严某到该商场购物，在她离开商场时，商场服务员怀疑严某有盗窃行为，责问她是否拿了商品未付钱，严某断然加以否认。商场服务员就叫来商场保安段某，段某在没有任何证据的情况下，要严某交代问题，严某矢口否认。段某认为严某态度不老实，命女服务员强行对严某进行搜身，但一无所获，段某才不得不放严某走。

　　我国《宪法》第三十八条规定："中华人民共和国公民的人格尊严不受侵犯。禁止用任何方法对公民进行侮辱、诽谤和诬告陷害。"我国《宪法》第三十七条规定："中华人民共和国公民的人身自由不受侵犯。任何公民，非经人民检察院批准或者人民法院决定，并由公安机关执行，不受逮捕。禁止非法拘禁和以其他方法非法剥夺或者限制公民的人身自由，禁止非法搜查公民的身体。"段某身为保安，在没有掌握任何证据的情况下，如此搜身是违法的。即使保安段某掌握了可靠的证据，也只能报告公安部门，由公安部门依法处理。段某的这种行为违反了宪法的规定，侵犯了公民的人格尊严，应该受到处理。如果段某的行为造成了严重后果，还应移交司法机关追究刑事责任，《中华人民共和国刑法》（以下简称《刑法》）第二百四十五条规定："非法搜查他人身体……，处三年以下有期徒刑或者拘役。"另外，根据消费者权益保护法的规定，消费者在消费过程中的人格尊严必须得到尊重。因此，严某有权要求该商场按照上述法律的有关规定承担法律责任。

## 一、公民和人民

公民是指具有一个国家的国籍，并根据该国宪法和法律的规定享受权利和承担义务的自然人。我国宪法规定，凡具有中华人民共和国国籍的人都是中华人民共和国公民。中华人民共和国国籍法采取出生地主义和血统主义相结合的原则来确定国籍。《中华人民共和国国籍法》规定：父母双方或一方为中国公民，本人出生在中国的，具有中国国籍；父母双方或一方为中国公民，本人出生在外国的，具有中国国籍；若其父母双方或一方为中国公民并定居在外国，本人出生时即具有外国国籍的，则不具有中国国籍；父母无国籍或国籍不明者，定居在中国，本人出生在中国，则具有中国国籍。

"公民"与"人民"是两个不同的概念，前者是法律概念，后者是政治概念。在我国，人民是指国家的主人，从政治上区分敌我。人民在不同历史时期，有着不同的内容。我国现阶段，人民是指全体社会主义劳动者，拥护社会主义的爱国者和拥护祖国统一的爱国者。公民比人民的范围大，包括社会全体成员。人民占公民中的绝大多数，被依法剥夺政治权利的人和其他敌对分子虽然不属于人民，但也是我国公民。"公民"一词通常指单个人，而"人民"一词，往往指整体。

## 二、我国公民的基本权利和义务

公民是指具有一个国家的国籍，并根据该国宪法和法律的规定享受权利和承担义务的自然人。我国《宪法》规定：凡具有中华人民共和国国籍的人都是中华人民共和国公民。公民的基本权利和义务，是指由宪法规定的公民享有和履行的最主要的权利和义务。公民的权利和义务均具有广泛性、现实性、平等性和一致性。

**（一）我国公民的基本权利**

1. 平等权

我国《宪法》第三十三条规定："中华人民共和国公民在法律面前一律平等。任何公民享有宪法和法律规定的权利，同时必须履行宪法和法律规定的义务。"

2. 政治权利和自由

我国《宪法》第三十四条规定："年满 18 周岁的中华人民共和国公民，不分民族、种族、性别、职业、家庭出身、宗教信仰、教育程度、财产状况、居住期限，都有选举权和被选举权；但是依照法律被剥夺政治权利的人除外。"公民有言论、出版、集会、结社、游行、示威的自由。公民对任何国家机关和国家工作人员，有提出批评和建议的权利；对于任何国家机关和国家工作人员的违法失职行为，有向有关国家机关提出申诉、控告、检举的权利。公民权利受到国家机关和国家工作人员侵犯而受到损失的人，有依照法律规定取得赔偿的权利。

3. 宗教信仰自由

我国《宪法》保障公民宗教信仰的自由。国家保护正常的宗教活动。任何人不得利用宗教进行破坏社会秩序、损害公民身体健康、妨碍国家进行教育制度的活动。依照宪法精神和相关法律规定，任何人都不得打着宗教信仰自由的旗号组织和参加邪教组织。

4. 人身自由

我国《宪法》第三十七条规定："公民的人身自由不受侵犯。任何公民，非经人民检察院批准或决定或人民法院决定，并由公安机关执行，不受逮捕。禁止非法拘禁和以其他方法非法剥夺或限制公民的人身自由，禁止非法搜查公民的身体。"公民的人格尊严不受侵犯。禁止用任何方法对公民进行侮辱、诽谤和诬告陷害。公民的住宅不受侵犯。禁止非法搜查或非法侵入公民的住宅。公民的通信自由和通信秘密受法律的保护。除因国家安全或追查刑事犯罪的需要，由公安机关或检察机关依照法律规定的程序对通信进行检查外，任何组织或个人不得以任何理由侵犯公民的通信自由和通信秘密。

5. 经济、社会、文化方面的权利

我国《宪法》保障公民的合法的收入、储蓄、房屋和其他合法财产的所有权以及公民的私有财产继承权。公民有劳动的权利。劳动者有休息的权利。国家发展劳动者休息和休养的设施，规定职工的工作时间和休假制度。国家依照法律规定实行企业事业组织的职工和国家机关工作人员的退休制度。退休人员的生活受到国家和社会的保障。公民在年老、疾病或者丧失劳动能力的情况下，有从国家和社会获得物质帮助的权利。国家发展为公民享受这些权利所需要的社会保险、社会救济和医疗卫生事业。公民有受教育的权利，有进行科学研究、文学艺术创作和其他文化活动的自由。

6. 特定主体的权利

我国《宪法》规定，妇女在政治的、经济的、文化的、社会的和家庭的生活等各方面享有同男子平等的权利。婚姻、家庭、母亲和儿童受国家的保护。保护华侨的正当的权利和利益，保护归侨和侨眷的合法的权利和利益。

随着社会的发展，我国《宪法》所确认和保障的公民基本权利的范围将会越来越广泛。

**(二) 我国公民的基本义务**

1. 维护国家统一和全国各民族团结的义务

这是我国公民必须履行的基本义务之一。国家统一和各民族团结是国家繁荣、民族昌盛的重要标志。国家的统一和全国各民族的团结，是建设有中国特色社会主义事业取得胜利的基本保证，也是实现公民基本权利的保证。全体公民必须自觉履行这一义务，坚决反对任何分裂国家和破坏民族团结的行为，并坚决同破坏国家统一和民族团结的行为作斗争。

2. 遵守宪法和法律，尊重社会公德的义务

我国《宪法》第五十三条规定："中华人民共和国公民必须遵守宪法和法律，保守国家秘密，爱护公共财产，遵守劳动纪律，遵守公共秩序，尊重社会公德。"遵守宪法与法律是公民最基本和最起码的义务；保守国家秘密，爱护公共财产，遵守劳动纪律，遵守公共秩序，尊重社会公德，是公民遵守宪法和法律义务在不同社会领域的具体表现。

我国公民必须遵守宪法和法律。宪法是国家的根本大法，具有最高的法律效力。全国各族人民、一切国家机关和武装力量、各政党和各社会团体、各企事业组织，都必须以宪法为根本活动准则，并且负有维护宪法尊严、保证宪法实施的职责。我国公民必须保守国家秘密。国家秘密关系到国家的安全和利益，泄露国家秘密必然给国家和社会造成重大损失，侵害人民的利益。因此宪法规定公民有保守国家秘密的义务。爱护公共财产、遵守劳动纪律、遵守公共秩序、尊重社会公德对于国家的利益、对于国家的经济发展和社会秩序的稳定具有重要的意义。

总之，我国宪法和法律是工人阶级领导的广大人民群众共同意志和利益的集中体现与反映，遵守宪法和法律就是尊重人民的意志，维护人民的利益；尊重社会公德，是社会主义精神文明的重要内容，是维护社会安定团结的需要。

因此，每个公民都应自觉遵守宪法、法律和社会公德，与一切违反宪法和法律、破坏社会公德的行为作斗争。

3. 维护祖国安全、荣誉和利益

我国《宪法》第五十四条规定："中华人民共和国公民有维护祖国的安全、荣誉和利益的义务，不得有危害祖国的安全、荣誉和利益的行为。"这是保障社会主义现代化建设和改革开放顺利进行的需要，任何公民不得为一己私利或小集团的利益而有损国家的安全、荣誉和利益。如果危害国家安全，给国家利益造成损害，要依法追究其刑事责任。

4. 保卫祖国，抵抗侵略，依法服兵役和参加民兵组织

保卫祖国，抵抗侵略是每一个公民应尽的职责，也是维护国家独立和安全的需要，是保卫社会主义现代化建设、保卫人民幸福生活的需要。所以，每一个公民都必须自觉地依法履行这一光荣义务和神圣职责。

保卫祖国必须有一支强大的人民武装力量，因此服兵役和参加民兵组织是公民保卫祖国、维护国家安全的实际行动。《中华人民共和国兵役法》第三条第一款规定："中华人民共和国公民，不分民族、种族、性别、职业、家庭出身、宗教信仰和教育程度，都有义务依照本法的规定服兵役。"

5. 依法纳税

税收是国家建设资金的重要来源，也是国家财政收入的重要来源之一。税收取之于民，用之于民。公民依法纳税，对于增加国家财政收入，保证国家经济建设资金的需要，改善和提高人民生活都具有重要意义。每个公民都应自觉遵守和执行国家税收法规和政策，与偷税、漏税、抗税的违法行为作斗争，以维护国家的利益。

## 第三节　村民自治法律制度

"村民自治"的提法始见于1982年我国修订颁布的《宪法》

第一百一十一条规定："村民委员会是基层群众自治性组织"。村民自治，简而言之就是广大农民群众直接行使民主权利，依法办理自己的事情，创造自己的幸福生活，实行自我管理、自我教育、自我服务的一项基本社会政治制度。村民自治的核心内容是"四个民主"，即民主选举、民主决策、民主管理、民主监督。因此，全面推进村民自治，也就是全面推进村级民主选举、村级民主决策、村级民主管理和村级民主监督。

下面从我国有关的法律法规和政策规定，来说明村民自治的相关问题。

**一、农村基层治理机制**

**（一）村民自治的法律依据有哪些**

1. 《宪法》

新中国共有四部宪法，分别是 1954 年宪法、1975 年宪法、1978 年宪法、1982 年宪法。1982 年宪法为现行宪法。1982 年《宪法》第一百一十一条规定，城市和农村按居民居住地区设立的居民委员会或者村民委员会是基层群众性自治组织。由此形成村民自治制度。

2. 《中华人民共和国村民委员会组织法》

《中华人民共和国村民委员会组织法》（以下简称《村民委员会组织法》）1987 年颁布，1988 年试行，1998 年取消试行正式实施，2010 年进行修订。分为总则、村民委员会的组成和职责、村民委员会的选举、村民会议和村民代表会议、民主管理和民主监督、附则六章，共计四十一条，规定了有关村民委员会的地位、组织形式、职能、选举等内容。

**（二）村民自治包括哪些内容**

村民自治是指在农村由群众依法办理自己的事务，自主行使管理村级政治、经济、文化和社会事务权利的民主形式。它包括由广大村民实行民主选举村民委员会干部，民主决策村中大事，民主管理村内事务，民主监督村民委员会工作和村民委员会干部等。正确理解和实行村民自治，需要把握好几点：一是村民自治是在《宪法》和法律范围内进行的，是依法自治，不能认为自治就可以为所欲为，想干什么就干什么；二是村民委员会在组织村民自治的过程中，要自觉接受乡镇政府的指导，并协助乡镇政府开展工作。不能认为实行自治，乡镇政府就指导不了了，对乡镇政府布置的工作就可以不协助了；三是村民自治是全体村民自治，不是少数几个村干部自治。因此，村民委员会要始终坚持民主集中制的原则，凡涉及村民利益的事情都要由村民民主决策，不能搞强迫命令，搞少数人说了算。

**（三）应如何解决村民自治过程中出现的选举问题**

1. 确定合适的选举时间

建议将选举时间定在春节期间。各地农村都有大量打工青年，他们不在家，选举更容易被操纵。农村青年普遍参与选举会增大贿选成本。

2. 重视选举的形式

用"流动票箱"投票在农村是普遍的做法，但这给操纵选举提供了机会。一定要坚持召开选举大会，设置秘密划票间，集中唱票，当众公布投票结果。要采取具体措施保证合法程序的落实。

3. 重视限制农村干部的权力

重视限制农村干部的权力，使农村干部的权力只限于十分必要的公共事务。一定要创造一种制度，把土地资源配置的权力从干部们手中剥离出来，交给市场支配，使农民成为土地的主人。要创设农民的各种合作组织和专业协会，把一些公共事务交由这些组织处理。

4. 处理好"两委关系"

必须使农民选举产生的村民委员会干部有独立行使必要权力制度环境，以大大提高农民手中选票的"含金量"。

## 二、村民委员会组织法律制度

### （一）村民委员会的设立和组织

《村民委员会组织法》规定：村民委员会的设立、撤销、范围调整，由乡、民族乡、镇的人民政府提出，经村民会议讨论同意，报县级人民政府批准。村民委员会可以根据村民居住状况、集体土地所有权关系等分设若干村民小组。村民委员会由主任、副主任和委员共 3~7 人组成。村民委员会成员中，应当有妇女成员，多民族村民居住的村应当有人数较少的民族的成员。对村民委员会成员，根据工作情况，给予适当补贴。村民委员会根据需要设人民调解、治安保卫、公共卫生与计划生育等委员会。村民委员会成员可以兼任下属委员会的成员。人口少的村的村民委员会可以不设下属委员会，由村民委员会成员分工负责人民调解、治安保卫、公共卫生与计划生育等工作。

### （二）村民委员会的职权

《村民委员会组织法》规定村民委员会的职责主要如下。

村民委员会应当支持和组织村民依法发展各种形式的合作经济和其他经济，承担本村生产的服务和协调工作，促进农村生产建设和经济发展。

村民委员会依照法律规定，管理本村属于村农民集体所有的土地和其他财产，引导村民合理利用自然资源，保护和改善生态环境。

村民委员会应当尊重并支持集体经济组织依法独立进行经

济活动的自主权，维护以家庭承包经营为基础、统分结合的双层经营体制，保障集体经济组织和村民、承包经营户、联户或者合伙的合法财产权和其他合法权益。

村民委员会应当宣传宪法、法律、法规和国家的政策，教育和推动村民履行法律规定的义务、爱护公共财产，维护村民的合法权益，发展文化教育，普及科技知识，促进男女平等，做好计划生育工作，促进村与村之间的团结、互助，开展多种形式的社会主义精神文明建设活动。

村民委员会应当支持服务性、公益性、互助性社会组织依法开展活动，推动农村社区建设。

多民族村民居住的村，村民委员会应当教育和引导各民族村民增进团结、互相尊重、互相帮助。

村民委员会办理本村的公共事务和公益事业，调解民间纠纷，协助维护社会治安，向人民政府反映村民的意见、要求和提出建议。

**（三）村民委员会与乡政府的关系**

村民委员会是农村基层群众性自治组织，它经常要与国家的基层政权发生各种关系。我国《宪法》第一百一十一条规定城市和农村按居住地区设立的居民委员会或者村民委员会是基层群众性自治组织；居民委员会、村民委员会同基层政权的相互关系由法律规定"《村民委员会组织法》（2010 年 10 月 28 日第二次修订）第三条明确规定乡、民族乡、镇的人民政府对村民委员会的工作给予指导、支持和帮助，但不得干预依法属于村民自治范围的事项。村民委员会协助乡、民族乡、镇的人民政府开展工作。"因此，乡镇人民政府与村民委员会之间，不是领导和被领导的关系，而是指导和协助的关系。这种指导和协助的关系，是由村民委员会的性质所决定的。因为村民委员会既不是一级政权组织，也不是乡镇人民政府的派出机构，而是村民自我管理、自我教育、自我服务的基层群众性自治组织，因此，二者之间不存在行政隶属关系。

乡镇人民政府对村民委员会的指导主要体现在：①政策指导，即保证村民委员会的决议、决定及工作符合党的政策和国家的法律规定；②组织指导，即指导和帮助村民委员会搞好班子建设，特别是村民委员会的换届选举工作；③工作指导，即指导村民委员会依法办好各项工作，如办理公共事务和公益事业，维护社会治安，调解民间纠纷，建立健全社会化服务体系等。无论是从理论还是从现实生活看，村民委员会工作都离不开这种有效的指导，这是保证村民自治事业健康发展的重要条件。

村民委员会协助人民政府开展工作主要体现在：①向村民宣传党的方针、政策和国家宪法、法律、法规，做到家喻户晓；②按时完成上级人民政府及其有关部门依法布置的各项工作；③及时向乡镇人民政府反映村民的意见、要求和建议。

在乡镇人民政府和村民委员会的关系问题上，关键在于乡镇人民政府及其有关工作部门要自觉地尊重和维护村民委员会的自治地位，对村民委员会的工作少一些行政命令和指手画脚，多一些实实在在的支持和帮助。

**（四）村民行使选举权的程序**

《村民委员会组织法》第十一条规定，村民委员会主任、副主任和委员，由村民直接选举产生。任何组织或者个人不得指定、委派或者撤换村民委员会成员。村民委员会每届任期3年，届满应当及时举行换届选举。村民委员会成员可以连选连任。

《村民委员会组织法》第十二条规定，村民委员会的选举，由村民选举委员会主持。村民选举委员会由主任和委员组成，由村民会议、村民代表会议或者各村民小组会议推选产生。村民选举委员会成员被提名为村民委员会成员候选人，应当退出村民选举委员会。村民选举委员会成员退出村民选举委员会或者因其他原因出缺的，按照原推选结果依次递补，也可以另行推选。

《村民委员会组织法》第十三条规定：年满十八周岁的村民，不分民族、种族、性别、职业、家庭出身、宗教信仰、教育程度、财产状况、居住期限，都有选举权和被选举权；但是，依照法律被剥夺政治权利的人除外。

村民委员会选举前，应当对下列人员进行登记，列入参加选举的村民名单。

（1）户籍在本村并且在本村居住的村民。

（2）户籍在本村，不在本村居住，本人表示参加选举的村民。

（3）户籍不在本村，在本村居住 1 年以上，本人申请参加选举，并且经村民会议或者村民代表会议同意参加选举的公民。

已在户籍所在村或者居住村登记参加选举的村民，不得再参加其他地方村民委员会的选举。

《村民委员会组织法》第十四条规定，登记参加选举的村民名单应当在选举日的 20 日前由村民选举委员会公布。对登记参加选举的村民名单有异议的，应当自名单公布之日起 5 日内向村民选举委员会申诉，村民选举委员会应当自收到申诉之日起 3 日内作出处理决定，并公布处理结果。

# 第二章 犯罪及其法律后果

## 第一节 犯罪及其法律后果

### 一、治安管理处罚法

#### （一）《中华人民共和国治安管理处罚法》

我国当前社会治安的总体形势较好，但影响社会稳定和治安的因素仍然很多，破坏社会治安的违法案件仍呈上升趋势。我们应该学习和掌握我国《中华人民共和国治安管理处罚法》（以下简称《治安管理处罚法》），不仅做到自己守法，还要带动他人守法。

《治安管理处罚法》一方面规范、引导社会成员的行为，使人人懂法、守法，既实现自身的合法权益和自由，又不对他人的合法权益和自由造成侵害；另一方面规范、指导公安机关和人民警察的执法行为，在有效惩治违法行为的同时充分保障人权。该法是新形势下加强社会治安管理、维护公共生活秩序、构建社会主义和谐社会的重要法律保障。

《治安管理处罚法》由第十届全国人民代表大会常务委员会第十七次会议于 2005 年 8 月 28 日通过，自 2006 年 3 月 1 日起施行。该法包括总则、处罚的种类和适用、违反治安管理的行为和处罚、处罚程序、执法监督和附则，共六章一百一十九条。其修正案于 2012 年 10 月 26 日由第十一届全国人民代表大会常务委员会通过，自 2013 年 1 月 1 日起施行。

**（二）违反治安管理的行为及处罚种类**

违反治安管理行为是指扰乱社会秩序，妨害公共安全，侵犯公民人身权利，侵犯公私财产，情节轻微尚不够刑事处罚的行为。《治安管理处罚法》第三章将"违反治安管理的行为"细分为"扰乱公共秩序，妨害公共安全，侵犯人身权利、财产权利和妨害社会管理"4 类 110 多种行为，对违反治安管理的行为作了较为合理的分类，适应了社会经济发展的需要。《治安管理处罚法》规定的治安管理处罚种类有警告、罚款、行政拘留、吊销公安机关发放的许可证、限期出境或者驱逐出境（对违反《治安管理处罚法》规定的外国人适用）等。行政拘留处罚，按照不同的违法行为的性质，区分为 5 日以下、5 至 10 日、10 日至 15 日，并规定合并执行最长不超过 20 日。行政拘留适用的细分体现了对限制人身自由的处罚的慎用。

**（三）《治安管理处罚法》立法的原则和必要性**

其必要性在于：维护社会治安秩序，保障公共安全，保护公民、法人和其他组织的合法权益，规范和保障公安机关及其人民警察依法履行治安管理职责。其基本原则主要有：治安管理处罚必须以事实为依据，与违反治安管理行为的性质、情节以及社会危害程度相当；实施治安管理处罚，应当公开、公正，尊重和保障人权，保护公民的人格尊严；办理治安案件应当坚持教育与处罚相结合的原则。

**（四）违反治安管理的行为**

根据《中华人民共和国治安管理处罚条例》（以下简称《条例》）的规定，常见的违反治安管理的行为分为八类。

1. 扰乱公共秩序的行为

该行为指故意在公共场所闹事，堵塞交通，抗拒、阻碍国家治安管理工作人员执行任务，尚不够刑事处罚的行为，《条例》规定了 37 种行为。

2. 妨害公共安全的行为

该行为指故意或者过失可能给不特定多数人的生命、健康和公私财产安全造成损失的行为。《条例》共列举了 11 种行为，如非法携带、存放枪支弹药等。

3. 侵犯他人人身权利的行为

该行为指故意侵犯他人人身和其他与人身有关的权利，危害较小尚不构成刑事处罚的行为。《条例》列举了 7 种行为，如殴打他人造成轻微伤害等。

4. 侵犯公私财物的行为

该行为指故意非法将公私财物据为己有或将财物破坏，情节轻微，尚不够刑事处罚的行为。《条例》列举了 4 种行为，如偷窃、骗取、抢夺少量公私财物的行为等。

5. 妨害社会管理秩序的行为

该行为指故意妨害国家机关的正常管理活动和妨害社会秩序，情节轻微，尚不够刑事处罚的行为。《条例》列举了 12 种行为，如明知是赃物而购买等。

6. 违反消防管理的行为

该行为指违反国家对火灾的预防和扑救等工作的管理规定的行为。条例共列举了 8 种行为，如在有易燃、易爆物品的地方吸烟、使用明火等。

7. 违反交通管理的行为

该行为指违反国家及地方有关交通管理方面的法律、法规等行为。《条例》列举了 15 种行为，如非法驾驶不合安全要求的机动车辆等。

8. 违反户口管理的行为

该行为指违反国家和地方关于户口及居民身份证管理的法律、法规的规定或拒绝公安机关依法管理，依《条例》应予处罚的行为，如假冒户口、冒用他人户口证件等。

**（五）处罚程序**

《治安管理处罚法》专设"处罚程序"一章，分三节对调查、决定和执行程序作了规定。在调查程序中，规定了告知权利、表明身份、回避等程序。在传唤时间上规定，对违反治安管理行为人，公安机关传唤后应当及时询问查证，询问查证的时间不得超过 8 小时；情况复杂，依照规定可能适用行政拘留处罚的，询问查证的时间不得超过 24 小时。

此外，《治安管理处罚法》还规定了听证程序和救济程序。被处罚人对治安管理处罚决定不服的，可以依法申请行政复议或者提起行政诉讼。被处罚人不服行政拘留处罚决定，申请行政复议、提起行政诉讼的，可以向公安机关提出暂缓执行的申请，在提供担保的情况下经批准可以暂缓执行。

《治安管理处罚法》专设"执法监督"一章，规定了公安机关及其人民警察在治安处罚当中，必须遵守的行为规范以及必须禁止的行为。

《治安管理处罚法》规定，公安机关及其人民警察对治安案件的调查，应当依法进行。严禁刑讯逼供或者采用威胁、引诱、欺骗等非法手段收集证据。法律同时规定，人民警察办理治安案件有刑讯逼供行为的，依法给予行政处分；构成犯罪的，依法追究刑事责任。公安机关及其人民警察违法行使职权，侵犯公民、法人和其他组织合法权益的，应赔礼道歉；造成损害的，应当依法承担赔偿责任。法律还明确规定了人民警察不得违反的 11 项规定，以及在办理治安案件过程中应回避的 3 种情形。

例如，对群众反映强烈的体罚、虐待、侮辱违反治安管理行为人，超过询问查证的时间限制人身自由，当场收缴罚款不出具罚款收据或者不如实填写罚款数额，私分、侵占、挪用罚没、扣押的款物，违反规定不及时退还保证金，使用或者不及时返还被侵害人财物等，均规定要给予行政处分直至追究刑事责任。

此外，《治安管理处罚法》还规定，公安机关及其人民警察办理治安案件，不严格执法或者有违法违纪行为的，任何单位和个人都有权向公安机关或者人民检察院、行政监察机关检举和控告；收到检举、控告的机关，应当依据责任及时处理。

## 二、杜绝不良行为

### （一）吸毒、传播淫秽读物或音像制品、赌博行为的危害

#### 1. 吸毒

吸毒不仅严重危害人的身心健康，传播疾病，而且为走私、贩卖、运输、制造毒品提供了市场，诱发暴力、凶杀、黑社会以及其他刑事犯罪，严重危害社会治安，因此为国家法律严厉禁止。对吸毒者，给予治安管理处罚，并强制戒毒；戒毒后又吸毒的，实行劳动教养，并在劳动教养中强制戒毒。引诱、教唆、欺骗、强迫未成年人吸毒的，构成刑事犯罪，依据刑法从重处罚。

#### 2. 传播淫秽的读物或音像制品

传播淫秽的读物或音像制品，是指通过播放、出租、出借、运输、传递等方式使淫秽的读物或音像制品得以散布、流传的行为。

未成年人看淫秽的读物或音像制品极容易受毒害，不但会导致意志消沉，无法安心学习，而且会诱发多种不良行为甚至犯罪。

3. 赌博

赌博是指以获取非法收入为目的，聚众进行以财物作抵押，就偶然的输赢决定财物所有权的行为。参与赌博不仅助长投机取巧、不劳而获的投机思想，造成有些人因嗜赌而倾家荡产、家破人亡，而且是社会的不安定因素，会诱发盗窃、抢劫、诈骗、甚至图财害命等犯罪，因而为国家法律所禁止。

对有严重不良行为的未成年人，其父母或者其他监护人和学校应当相互配合，采取措施严加管教，也可以送工读学校进行矫治和接受教育。构成违反治安管理行为的，由公安机关依法予以治安处罚。因不满十四周岁或者情节特别轻微免予处罚的，可以予以训诫。

**（二）加强自我防范，杜绝不良行为**

青少年时期，正是身心发育、良好行为习惯养成、人格形成的关键时期。在这一时期，青少年一定要慎之又慎，有意识地培养良好行为习惯，远离不良行为。

未成年人应当遵守法律、法规及社会公共道德规范，树立自尊、自律、自强意识，增强辨别是非和自我保护的能力，自觉抵制各种不良行为及违法犯罪行为的引诱和侵害。

被父母或者其他监护人遗弃、虐待的未成年人，有权向公安机关、民政部门、共青团组织、妇女联合会、未成年人保护组织或者学校、城市居民委员会、农村村民委员会请求保护。被请求的上述部门和组织都应当接受，根据情况需要采取救助措施的，应当先采取救助措施。未成年人发现任何人对自己或者其他未成年人实施违法行为或者犯罪行为，可以通过所在学校、父母或者其他监护人向公安机关或者政府有关主管部门报告，也可以自己向上述机关报告。受理报告的机关应当及时依法处理。

# 第二节　自觉预防犯罪

随着社会经济的不断发展，社会环境和社会问题日益复杂化，青少年犯罪率也呈上升趋势，特别是十五六岁的少年犯罪的比例在逐年增加，少年犯罪已成为全社会关注且亟待解决的重要问题，亟须通过学法，进而达到懂法用法，自觉守法，以预防犯罪，维护自己的合法权益。

## 一、犯罪

### （一）犯罪

我国《刑法》第十三条规定："一切危害国家主权、领土完整和安全，分裂国家、颠覆人民民主专政的政权和推翻社会主义制度，破坏社会秩序和经济秩序，侵犯国有财产或者劳动群众集体所有的财产，侵犯公民私人所有的财产，侵犯公民的人身权利、民主权利和其他权利，以及其他危害社会的行为，依照法律应当受刑罚处罚的，都是犯罪，但是情节显著轻微危害不大的，不认为是犯罪。"该条规定，是对我国"犯罪"概念进行的科学概括。简单地说，犯罪是具有社会危害性、刑事违法性与应受刑罚处罚性的行为。

#### 1. 犯罪的构成

犯罪构成即犯罪成立的一般条件，是指刑法规定的，说明行为的社会危害性及其程度，而为成立犯罪所必须具备的主客观要件的统一体。其中的"要件"，是指必要条件。根据刑法理论，任何犯罪的成立，都必须具备犯罪客体要件、犯罪客观要件、犯罪主体要件与犯罪主观要件。

犯罪主体指实施了危害社会的行为、依法应当承担刑事责任的自然人和单位；犯罪主观方面指犯罪主体对自己实施的危害行为及其危害社会的结果所持有的心理态度，它包括犯罪故意和犯罪过失等；犯罪客体，指我国刑法所保护的而为犯罪行为所危害的社会关系；犯罪客观方面，指刑法规定的构成犯罪在客观上需要具备的诸种要件的总称，具体表现为危害行为、危害结果等。

2. 犯罪停止形态

犯罪的停止形态，是指故意犯罪在其发生、发展和完成犯罪的过程及阶段中，因主客观原因而停止下来的各种犯罪状态，包括既遂、预备、未遂、中止形态。

（1）犯罪既遂形态，是故意犯罪的完成形态，是指行为人所故意实施的行为已经具备了某种犯罪构成的全部要件。对于既遂犯，我国刑法要求根据其所犯之罪，在刑法总则一般原则的指导基础上，直接按照刑法分则具体犯罪条文规定的法定刑幅度予以刑罚处罚。

（2）犯罪预备形态，是故意犯罪过程中未完成犯罪的一种停止状态，是指行为人为实施犯罪而开始创造条件的行为，由于行为人意志以外的原因而未能着手犯罪实行行为的犯罪停止形态。

（3）犯罪未遂形态，是指行为人已经着手实施具体犯罪构成的实行行为，由于其意志以外的原因而未能完成犯罪的一种犯罪停止形态。

（4）犯罪中止形态，是指在犯罪过程中，行为人自动放弃犯罪或者自动有效地防止犯罪结果发生，而未完成犯罪的一种犯罪停止形态。犯罪中止形态有两种类型，即自动放弃犯罪的犯罪中止、自动有效地防止犯罪结果发生的犯罪中止。

3. 共同犯罪

共同犯罪是故意犯罪的一种特殊形态，按照我国刑法规定：共同犯罪是指二人以上共同故意犯罪。

共同犯罪的成立要件是：①主体要件，即共同犯罪的主体，必须是两个以上达到了刑事责任年龄、具有刑事责任能力的人。②客观要件，即共同犯罪的成立必须是两个以上的人具有共同犯罪的行为。③主观要件，是指共同犯罪的成立必须是两个以上的行为人具有共同犯罪故意。所谓"共同犯罪故意"，是指各行为人通过意思的传递、反馈而形成的，明知自己是和他人配合共同实施犯罪，并且明知自己的犯罪行为会发生某种危害社会的结果，而希望或者放任这种危害结果发生的心理态度。

在共同犯罪中，主犯是指组织、领导犯罪集团进行犯罪活动或者在共同犯罪中起主要作用的犯罪分子。从犯是指在共同犯罪中起次要作用或者辅助作用的犯罪分子。胁从犯是指被胁迫参加犯罪的人。教唆犯是指故意唆使他人实施犯罪的人。

4. 排除犯罪的事由

一些行为表面上符合犯罪的客观要件，实质上却保护了法益，为刑法所允许。这类行为称为排除犯罪的事由。我国《刑法》明文规定了正当防卫与紧急避险两种情形。

（1）正当防卫。为了使国家、公共利益、本人或者他人的人身、财产和其他权利免受正在进行的不法侵害，而采取的制止不法侵害的行为，对不法侵害人造成损害的，属于正当防卫，不负刑事责任。正当防卫分为一般正当防卫与特殊正当防卫。

一般正当防卫必须具备以下条件。

第一，必须存在现实的不法侵害行为。不法侵害行为既包括犯罪行为，也包括其他违法行为，但必须是具有攻击性、破坏性、紧迫性的行为。

第二，不法侵害必须正在进行，即不法侵害已经开始且尚未结束。对于尚未开始或者已经结束的行为实施的所谓"防卫行为"，属于防卫不适时，成立故意犯罪或者过失犯罪。

第三，必须针对不法侵害本人进行防卫，不能对第三者造成损害。防卫行为本身通常表现为造成不法侵害者伤亡，或者造成其他损害。

第四，必须没有明显超过必要限度造成重大损害，即防卫行为必须尽可能控制在保护法益所需要的范围之内。正当防卫明显超过必要限度造成重大损害的，属于防卫过当，应当负刑事责任，但是应当减轻或者免除处罚。

刑法还规定了特殊正当防卫：对于正在进行行凶、杀人、抢劫、强奸、绑架以及其他严重危及人身安全的暴力犯罪，采取防卫行为，造成不法侵害人伤亡的，不属于防卫过当，不负刑事责任。据此，对严重危及人身安全的暴力犯罪进行正当防卫的，不存在防卫过当问题。但应注意的是，特殊正当防卫仍然以暴力犯罪正在进行为条件。对于尚未开始或者已经结束的暴力犯罪，不得进行防卫。

（2）紧急避险。为了使国家、公共利益、本人或者他人的人身、财产和其他权利免受正在发生的危险，不得已损害另一较小法益的行为，属于紧急避险，不负刑事责任。紧急避险必须符合以下条件。

第一，法益处于客观存在的危险的威胁之中。

第二，危险必须已经发生或迫在眉睫并且尚未消除。

第三，必须出于不得已而损害另一合法权益。

第四，没有超过必要限度造成不应有的损害。紧急避险行为超过必要限度造成不应有的损害的，应当负刑事责任，但是应当减轻或者免除处罚。此外，关于避免本人危险的规定，不适用于职务上、业务上负有特定责任的人。例如，警察面临不法侵害时，不能实施紧急避险行为。

**（二）刑罚制度**

刑罚是刑法规定的由国家审判机关依法对犯罪分子所适用的限制或剥夺其某种权利的最严厉的强制性法律制裁方法，刑罚是一种最严厉的法律制裁措施,只适用于触犯刑法构成犯罪的人,只能由国家刑事审判机关依照法定程序适用。

1. 刑罚体系

刑罚体系是指国家的刑事立法以有利于发挥刑罚的积极功能、实现刑罚目的为指导原则,选择刑种、实行分类并依其轻重程度排成的序列。我国的刑种是在总结了长期以来各种刑事立法规定的刑罚种类及其运用经验的基础上选择确定的。根据刑法的规定,刑罚分为主刑与附加刑,主刑有管制、拘役、有期徒刑、无期徒刑与死刑;附加刑有罚金、剥夺政治权利、没收财产与驱逐出境。主刑与附加刑又是分别按照严厉程度由轻到重进行排列的。

(1) 主刑。主刑是对犯罪分子适用的主要的刑罚方法。它的特点是只能独立适用,不能附加适用。对于一个犯罪,只能适用一个主刑。主刑包括管制、拘役、有期徒刑、无期徒刑、死刑五种刑罚方法。

①管制是指对犯罪分子不予关押,但限制其一定自由,由公安机关予以执行的刑罚方法。管制的期限为3个月以上2年以下,数罪并罚最高不能超过3年。②拘役是短期剥夺犯罪分子的人身自由,就近执行并实行劳动改造的刑罚方法。拘役的期限为1个月以上6个月以下,数罪并罚最高不能超过1年。③有期徒刑是剥夺犯罪分子一定期限的人身自由,强制其参加劳动并接受教育改造的刑罚方法,是我国适用最广泛的一种刑罚方法。有期徒刑的刑期为6个月以上15年以下,死缓减为有期徒刑或数罪并罚时最高不能超过20年。④无期徒刑是剥夺犯罪分子的终身自由,强制其参加劳动并接受教育改造的刑罚方法。无期徒刑适用于罪行严重、社会危害性及人身危险性均比较大的犯罪分子。⑤死刑是剥夺犯罪分子生命的刑罚方法。我国对死刑的适用有严格的限制:死刑只适用于罪行极其严重的

犯罪分子；犯罪时不满 18 周岁的人不适用死刑，审判时怀孕的妇女不适用死刑。死刑除依法由最高人民法院判决的以外，都应当报请最高人民法院核准。死刑缓期执行的，可以由高级人民法院判决或者核准。对于应当判处死刑的犯罪分子，如果不是必须立即执行的，可以判处死刑同时宣告缓期 2 年执行。

（2）附加刑。附加刑又称从刑，是补充主刑适用的刑罚方法，它的特点是既能独立适用，又能附加适用。附加刑包括罚金、剥夺政治权利、没收财产。

①罚金。罚金是人民法院判处犯罪分子向国家缴纳一定金钱的刑罚方法，属于财产刑。罚金不同于行政罚款：罚金是刑罚方法，罚款是行政处罚；罚金适用于触犯刑律的犯罪分子和犯罪的单位，罚款适用于一般违法分子和违法的单位；罚金只能由人民法院依照刑法的规定适用，罚款则由公安机关和海关、税务、工商行政管理等有关部门，依照有关法规的规定适用。②剥夺政治权利。剥夺政治权利是剥夺犯罪分子参加国家管理与政治活动权利的刑罚方法，属于资格刑。剥夺政治权利的内容包括：选举权和被选举权；言论、出版、集会、结社、游行、示威自由的权利；担任国家机关职务的权利；担任国有公司、企业、事业单位和人民团体领导职务的权利。③没收财产。没收财产是指将犯罪分子个人所有财产的一部分或全部强制无偿地收归国有的刑罚方法。没收财产只限于没收犯罪分子个人所有的财产，对于犯罪分子家属所有的财产不得没收。没收全部财产的，应当对犯罪分子个人及其抚养的家属保留必要的生活费。

2. 刑罚裁量制度

刑罚裁量也称为量刑，它是指人民法院在定罪的基础上，根据行为人的犯罪事实与法律有关规定，依法决定对犯罪人是否判处刑罚、判处何种刑罚，以及判处多重刑罚，并决定对犯罪人所判刑罚是否立即执行的司法审判活动。刑罚裁量必须以犯罪事实为依据,以刑事法律为准绳。

累犯是指因犯罪而受过一定的刑罚处罚,在刑罚执行完毕或者赦免以后,在法定期限内又犯一定之罪的情况。对于累犯,应当从重处罚,但过失犯罪除外。自首是指犯罪分子犯罪以后自动投案,如实供述自己的罪行的行为,或者被采取强制措施的犯罪嫌疑人、被告人和正在服刑的罪犯,如实供述司法机关还未掌握的本人其他罪行的行为。对于自首的犯罪分子,可以从轻或者减轻处罚;其中,犯罪较轻的,可以免除处罚。立功是指犯罪分子揭发他人犯罪行为,查证属实,或者提供重要线索,从而得以侦破其他案件等行为,分为一般立功和重大立功。犯罪人有立功表现的,可以从轻或减轻处罚;有重大立功表现的,可以减轻或免除处罚;犯罪后自首又有重大立功表现的,应当减轻或免除处罚。数罪并罚,是指人民法院对一人犯数罪分别定罪量刑,并根据法定原则与方法,决定应当执行的刑罚。缓刑是指人民法院对判处拘役、三年以下有期徒刑的犯罪分子,根据其犯罪情节及悔罪表现,认为暂缓执行原判刑罚,确实不致再危害社会的,规定一定的考验期,暂缓其刑罚的执行;在考验期内,如果符合法定条件,原判刑罚就不再执行的一项制度。

此外,我国《刑法》还对减刑、假释等刑罚执行制度做出了规定。

## 二、防范职业犯罪行为

### (一) 合同诈骗罪

合同诈骗罪是指以非法占有为目的,在签订、履行合同过程中,采取虚构事实或者隐瞒真相等欺骗手段,骗取对方当事人的财物,数额较大的行为。

**（二）破坏环境资源保护罪**

个人或单位故意违反环境保护法律，污染或破坏环境资源，造成或可能造成公私财产重大损失或人身伤亡的严重后果，触犯刑法并应受刑事惩罚的行为。

**（三）重大责任事故罪**

重大责任事故罪是指工厂、矿山、林场、建筑企业或者其他企业、事业单位的职工，由于不服管理、违反规章制度，或者强令工人违章冒险作业，因而发生重大伤亡事故或者造成其他严重后果的行为。

**（四）滥用职权罪**

滥用职权罪是指国家机关工作人员故意逾越职权或者不履行职责，致使公共财产、国家和人民利益遭受重大损失的行为。

**（五）挪用资金罪**

挪用资金罪是指公司、企业或者其他单位人员，利用职务上的便利，挪用本单位资金归个人使用或者借贷给他人，数额较大、超过 3 个月未还，或者虽未超过 3 个月，但数额较大、进行营利活动的，或者进行非法活动的行为。

**（六）制售伪劣产品罪**

制售伪劣产品罪是指生产者、销售者故意在产品中掺杂、掺假，以次充好，以假充真或者以不合格产品冒充合格产品，销售金额 5 万元以上的行为。

**（七）偷税罪**

偷税罪是指纳税人违反税收管理法规，采取伪造、变造、隐匿、擅自销毁账簿、记账凭证；在账簿上多列支出或者不列、少列收入；经税务机关通知申报而拒不申报，进行虚假的纳税申报的手段，不缴或者少缴应纳税款，数额较大或者曾因偷税被税务机关给予过两次行政处罚又偷税的行为。

**(八) 受贿罪**

受贿罪是指国家工作人员利用职务上的便利，索取他人财物或非法收受他人财物，为他人谋取利益的行为。

# 第三章　民事活动的基本规定

## 第一节　依法参与民事活动

### 一、民法的概念和基本原则

民法是调整平等主体的公民之间、法人之间、公民和法人之间的财产关系和人身关系的法律规范的总称。1986 年 4 月颁布、1987 年 1 月 1 日起施行的《中华人民共和国民法通则》(以下简称《民法通则》)，是我国的民事基本法，是我国调整民事关系的主要规范性法律文件。

民法的基本原则是民法的宗旨和基本准则，是制定、解释、执行和研究民法的出发点，是民法精神实质之所在。我国民法的基本原则主要包括以下几个方面。

(1) 民事主体地位平等的原则。指民事主体在民事活动中的法律地位平等，即民事主体在民事活动中享有各自独立的法律人格，在具体的民事法律关系中互不隶属、地位平等，能独立表达自己的意志。

(2) 自愿原则。指民事活动当事人在进行民事活动时意志独立、自由和行为自主，即民事主体在从事活动时，以自己的真实意志来充分表达自己的意愿，通过自己的内心意愿来设立、变更和终止民事法律关系。

(3) 公平原则。指在民事活动中以利益均衡作为价值判断标准，用来衡量民事主体之间的物质利益关系，确定民事主体的民事权利义务及其承担的民事责任等。它是民法精神的集中体现，也是社会主义道德观在民法中的体现。

（4）等价有偿原则。指民事主体在从事民事活动时，应按照价值的客观要求进行等价交换，以实现各自的经济利益。

（5）诚实信用原则。简称诚信原则，是指民事主体从事民事活动、行使民事权利和履行民事义务时，都应本着诚实、善意的态度，即讲究信誉、恪守信用、意思表示真实、行为合法等。它是限制不正当竞争、维护市场经济秩序的必然要求，也是社会主义道德规范在民法中的表现。

（6）保护民事权利与禁止权利滥用原则。保护民事主体的合法民事权益是民法的主要任务。《民法通则》设专章论述了物权、债权、知识产权和人身权，同时，还以专章规定了民事责任制度，对侵权者给予法律制裁，对受害者予以补偿。但是，民事活动当事人在行使自己的民事权利时，必须遵守国家法律，尊重社会公德，不得损害社会公共利益，扰乱社会经济秩序，从而实现个人利益、他人利益和社会利益的均衡。

## 二、民事主体制度

民事主体是指在民事法律关系中独立享有民事权利和承担民事义务的公民和法人。在特定的关系中，国家也可以成为特殊的民事主体，如国家行使财产所有权或发行公债、国库券。

### （一）公民（自然人）

1. 公民的法律地位

公民是指基于自然状态出生而具有一国国籍的人。自然状态出生，表明了公民的自然属性；而具有一国国籍，则表明了公民的社会属性，它意味着公民在国家中的法律地位，是公民作为民事主体的一种资格。根据《民法通则》的规定，在我国境内的外国人和无国籍人也可以成为我国的民事主体。

## 2. 公民的民事权利能力和民事行为能力

公民的民事权利能力是指法律赋予公民进行民事活动，享有民事权利和承担民事义务的资格。也可以说，它是公民取得民事权利，承担民事义务的前提或者先决条件。公民的民事权利能力与人的生存有着不可分割的联系。根据《民法通则》的规定，我国公民的民事权利能力始于出生，终于死亡。

公民的民事行为能力是指公民以自己的行为参与民事法律关系，实际行使民事权利和承担民事义务的资格。《民法通则》对公民的民事行为能力作了如下分类：①18 周岁以上的公民是成年人，具有完全民事行为能力；16 周岁以上不满 18 周岁的公民，以自己的劳动收入为主要生活来源的，视为完全民事行为能力人。②10 周岁以上的未成年人是限制民事行为能力人，可以进行与他的年龄、智力相适应的民事活动。不能完全辨认自己行为的精神病人是限制民事行为能力人，可以进行与他的精神健康状况相适应的民事活动；其他民事活动要由其法定代理人代理。③不满 10 周岁的未成年人和不能辨认自己行为的精神病人是无民事行为能力人，由其法定代理人或监护人代理民事活动。

### （二）法人

#### 1. 法人的概念和特征

法人是具有民事权利能力和民事行为能力，依法独立享有民事权利和承担民事义务的社会组织。

根据《民法通则》的规定，社会组织必须具备下述条件才能取得法人资格。

①依照法律和法定程序成立。②有独立的财产和经费。法人所拥有的独立财产和经费是指依法归法人自己所有或者依法归他自己独立经营管理的财产。③有自己的名称、组织机构和

场所。法人的名称就是法人的字号，是某一法人区别于其他法人的标志。法人的组织机构是管理法人的事务、代表法人参与民事活动的机构总称。法人的场所是法人从事生产经营活动的地方，也可以说，是法人有自己业务活动或办公地点以及独立财产的标志。④能够以自己的名义独立承担民事责任、独立参与法律活动。

社会组织必须同时具备上述 4 个条件，才可以成为法人。

2. 法人的民事权利能力和行为能力

法人的民事权利能力就是法人所享有的参与民事活动，取得民事权利，承担民事义务的资格。法人的民事权利能力从法人成立时产生，在法人解散、被撤销、被宣告破产或因其他原因而终止时消灭。

法人的民事行为能力是指法人以自己的行为进行民事活动，实际行使民事权利并承担民事义务的资格。法人的民事行为能力与自然人的民事行为能力有所不同，法人依法定程序成立后，不仅取得民事权利能力，同时也具备了民事行为能力。

在法人终止时，二者也同时消灭。

法人的民事行为能力是由法人机关来实现的，法人机关是指法人的最高权力机构或者最高管理机构。在法人机关中，只有法人的主要行政负责人，才是法人的法定代表人，如公司董事长或总经理。他在其权限范围内所进行的活动，就是法人的行为，不需要任何其他授权，而法人的各个职能部门只按照代理权进行活动。

3. 法人的种类

（1）企业法人。企业法人的特征是以生产经营为其活动内容，实行独立经济核算，自负盈亏，并且向国家纳税的单位。企业法人主要包括：全民所有制企业法人、集体所有制企业法人、私营企业法人、联营企业法人、中外合营企业法人、外资企业法人。

（2）非企业法人。非企业法人是指不直接从事生产和经营的法人，其特征在于以国家管理和非经营性的社会活动为其内容。因此，非企业法人也可以称为非营利法人。它主要包括：国家机关法人、事业单位法人、社会团体法人。

### 三、民事法律行为与代理制度

#### （一）民事法律行为

1. 民事法律行为的概念和特征

民事法律行为是指公民或法人以设立、变更、终止民事权利和民事义务为目的，具有法律约束力的合法行为。

民事法律行为是最重要、最广泛的法律事实，绝大多数民事法律关系的设立、变更、终止，都是通过民事法律行为来实现的。公民之间、法人之间以及公民与法人之间所订立的买卖、租赁、保管等各种合同行为以及债权和债务转让、公民立遗嘱、放弃继承的行为，均能产生预期的权利义务关系，都属于民事法律行为。

2. 民事法律行为的有效条件

①行为人要有实施民事法律行为的民事行为能力。②行为人意思表示真实。所谓意思表示真实，是指行为人的意思表示与其内心的意思相一致。在欺诈、胁迫等条件下所做出的意思表示并不是自愿的，也是不真实和无效的。③行为不违背法律或者社会公共利益。不违反法律，是指民事法律行为的内容和形式要符合宪法、法律和有关行政法规的规定。不得违反社会公共利益，主要是指行为不得违背社会善良风俗、习惯、公共秩序，以及不允许损害公益事业和利益等。

### （二）代理

代理是指代理人在代理权限范围内，以被代理人的名义独立与第三人实施民事法律行为，由此产生的法律效果直接归属于被代理人的一种法律制度。在代理关系中，代为他人实施民事法律行为的人称为代理人；由他人代为自己实施民事法律行为的人称为被代理人或本人；与代理人实施民事法律行为的人称为相对人或第三人。

依据代理权产生的根据，可将代理分为意定代理、法定代理和指定代理。

意定代理又称委托代理，是基于被代理人的授权而发生的代理。法定代理是基于法律的直接规定而取得代理权的代理。法定代理主要是为无民事行为能力人或限制行为能力人设定代理人的方式。指定代理是基于法院或有关机关的指定行为而发生的代理。产生代理的事由消失时，代理关系归于消灭。

代理的范围很广，主要包括：代为实施各种表现行为，如代签合同；代为实施民事诉讼行为；代为实施某些行政行为，如代为缴纳税款等。但有人身性质的行为、有人身性质的债务、内容违法的行为不能代理。

## 第二节　公民的民事权利能力和民事行为能力

### 一、民事权利制度

民事权利是指自然人、法人或其他组织在民事法律关系中享有的具体权益。民事权利所包含的权益，可以分为财产权益和非财产权益。因此，民事权利可以分为财产权和非财产权两大类。我国民法所规定的民事权利，主要有物权、债权、知识产权、继承权、人身权等。

**（一）物权**

民法上所讲的物权是指权利人直接支配特定的"物"的权利。通常分为完全物权（又称自物权，即占有、使用、收益、处分的权利）和不完全的物权（又称他物权、限制物权）。财产所有权是物权的一种，它是物权中内容最广泛、最充分的一种权利。享有了财产所有权，也就享有了对该所有物完全支配的权利，因此，财产所有权也就是民法上的完全物权。

民法上的物权除财产所有权外，还有一些不完全的物权，如担保物权、用益物权（使用、收益）。这些物权的特点是：①权利人往往不是物的所有者，但对物享有财产所有权的一项或几项权能，如依法占有权、使用权、收益权。这些物权是在他人（所有人）的所有物上享有的某种有限的权利，故又称为"他物权""限制物权"。②这种权利，一方面具有物权的一般性质，权利人可以对抗任何不特定的相对人；另一方面又不像财产所有权那样，包括四项完整的权能。在通常情况下，这种权利人没有对财产的处分权。

**（二）债权**

1. 债的概念

我国《民法通则》第八十四条第一款规定："债是按照合同的约定或者依照法律的规定，在当事人之间产生的特定的权利和义务关系，享有权利的人是债权人，负有义务的人是债务人。"债的内容包括债权和债务。

2. 债的法律特征

①债反映财产流转关系。财产关系依其形态分为财产的归属利用关系和财产的流转关系。物权和知识产权反映的是静态的财产归属利用关系，而债却是反映动态的财产流转关系。②债的主体双方都是特定的。债权人只能向特定的债务人主张

权利，债务人也必须向特定的债权人履行义务。债权是一种相对权。③债以债务人履行债务这一特定的行为为客体。债权的实现必须依靠义务人履行义务的行为，义务人不履行义务，债权人的权利就不能实现。④债发生的原因具有多样性、任意性。债可以是因合法行为产生，也可以是因违法行为产生，而且当事人可以依法任意设定债，但物权和知识产权就不具有此特征。

3. 债的发生原因

债的发生原因是指引起债的法律关系产生的法律事实。可发生债的法律事实主要有合同、侵权行为、不当得利、无因管理。在某些情况下，当事人自己的意思即可构成债的关系，如遗嘱。

4. 债的履行

债的履行是指债务人按照合同的约定或法律的规定履行其义务。债的履行以全面履行为原则，可分为完全正确履行、不适当履行和不履行三种。一般情况下，债务人均应完全正确履行其义务，但在双务合同中如符合法定条件，当事人一方亦可对抗对方当事人的履行请求权即行使抗辩权。

5. 债的移转与消灭

债的移转。债的移转是指在债的内容不发生改变的情况下，债的主体发生变更的一种法律事实。债的移转包括债权的让与和债务的承担。债权的让与须通知债务人，且须以有效的债权存在为前提。同时依《中华人民共和国合同法》（以下简称《合同法》）第七十九条的规定，有个别债权是不得让与的，主要包括：①根据合同性质不得转让的；②按照当事人约定不得转让的；③依照法律规定不得转让的。债务承担有债务全部或部分移转给第三人承担的两种情况，但都必须征得债权人的同意且性质上不可移转的债务、当事人特别约定不能移转的债务均不能构成债的承担。

债的消灭是指债的双方当事人间的权利义务终止的情况。债的消灭的主要原因有：①清偿。清偿即履行，是指债务人按照法律规定或者合同的约定向债权人履行义务。②抵销。抵销是指当事人双方相互负有同种类的债务，将两项相互冲抵，使其冲抵部分消灭的情况。③提存。提存是指因债权人的原因或其他原因致使债务人无法向债权人履行到期债务，不得已将标的物提交有关部门保存的行为。④免除。免除是指债权人放弃其债权，从而全部或部分终止债的关系的单方行为。⑤混同。混同是指债权和债务同归于一人，致使债的关系消灭的事实。

（三）知识产权

知识产权是指民事主体对智力劳动成果依法享有的专有权利。知识产权的内容较多，主要包括著作权、专利权、商标权。

知识产权具有如下特征：①知识产权的客体是智力成果，其不具有物质形态。②专有性，即知识产权的权利主体依法享有独占使用智力成果的权利，他人不得侵犯。③地域性，即知识产权是一种受地域限制的权利。④时间性，即知识产权只在法定的时间内有效。

（四）继承权

继承是指自然人死亡后，由法律规定的一定范围内的人或遗嘱指定的人依法取得死者遗留的个人合法财产的法律制度。其中，死者是被继承人，被继承人死亡时遗留的财产是遗产，依法承受遗产的人是继承人。

继承权具有如下特征：①继承权的主体只能是自然人。②继承权的取得以继承人与被继承人存在特定的身份关系为前提。③继承权是一项财产权。④继承权具有不可转让性。⑤继承权发生的根据是法律的直接规定或者合法有效的遗嘱。

　　根据继承权产生方式的不同，继承权主要有法定继承权和遗嘱继承权之分。法定继承权是基于法律规定而享有的继承权，遗嘱继承权是基于被继承人生前立下的合法有效的遗嘱而享有的继承权。

### （五）人身权

　　人身权是民事主体依法享有的与其人身不可分离的无直接财产内容的民事权利。人身权分为人格权和身份权。

　　人格权是法律规定的民事主体所享有的以人格利益为客体的民事权利。物质性人格权包括生命权、身体权、健康权；精神性人格权包括姓名权（名称权）、肖像权、名誉权、自由权、隐私权、贞操权、婚姻自主权等。

　　身份权是民事主体基于某种特定身份而依法享有的一种民事权利。身份权主要包括配偶权、亲权、亲属权、荣誉权、知识产权中的人身权等。

　　物权、债权、知识产权、继承权、人身权构成了完整的民事权利体系。民法分别就各种民事权利的产生、变更、移转、消灭设置了具体规则，分别构成各种民事权利制度。

## 二、民事责任制度

　　民事责任是公民或法人违反民事义务，侵犯他人合法权益，依照民法所应承担的民事法律责任。我国《民法通则》以民事责任发生的原因为标准，将其分为违反合同的民事责任和侵权的民事责任两类。

### （一）违反合同的民事责任

　　违反合同是指合同当事人没有履行或者没有适当地履行自己依照合同应履行的合同义务。违反合同的形式主要有 3 种：全部不履行；不适当履行；迟延履行。

　　承担违反合同的民事责任的要件是：①行为人有不履行或

不适当履行合同的行为，即没有按照合同条款规定的要求履行合同。②要有损害事实，并且损害后果确系因上述违反合同的行为所造成。③违反合同的当事人主观上有过错。

关于违反合同的法律责任，《民法通则》规定："当事人一方不履行合同义务或者履行合同义务不符合约定条件的，另一方有权要求履行或者采取补救措施，并有权要求赔偿损失。"可见，违反合同的情况不同，由此而产生的法律后果也不同，归纳起来，后果主要有三种：继续全面履行、偿付违约金、赔偿损失。

**（二）侵权行为的民事责任**

侵权行为的民事责任，是指行为人因自己的过错，实施非法侵犯他人的财产权利、人身权利和知识产权的行为，行为人在造成他人权益损害时，应对受害人负赔偿的民事责任。

侵权行为主要包括：侵犯财产所有权的行为；侵害公民生命健康权的行为；侵犯公民人身权的行为；侵害知识产权的行为。

对于一般侵权行为来说，其民事责任由下列要件构成：①损害事实的发生。②侵权行为的违法性。对于行为的违法性，应当作广义的解释，判断行为是否违法，既要以我国宪法、民事法规与其他法规为依据，也要以现行政策和公共生活准则为依据。因合法行为致人以损害，行为人不负赔偿责任。这些合法行为主要包括：执行职务的行为、正当防卫行为、紧急避险行为。③违法行为和损害事实之间存在因果关系。④侵害人主观上有过错，包括故意和过失两种形式。

侵害人向受害人赔偿损失，是侵害人承担侵权的民事责任的重要方式。因此，在处理侵权损害赔偿纠纷时，应当分清是非，明确责任，依法处理。一般说来，应遵循下列原则：①遵循完全赔偿的原则。侵害人对给受害人造成的财产损失，应负责全部赔偿。②公平合理的原则。确定赔偿数额时，既要考虑当事人的过错程度和性质，也要适当考虑当事人的经济状况。③对精神损害应适当给予赔偿的原则。根据不同的侵权行为，侵权人除了应承担全部财产责任外，还应承担停止侵害、消除影响、恢复名誉、赔礼道歉等民事责任。

依据我国民法规定，承担民事责任的方式主要有：①停止侵害；②排除妨碍；③消除危险；④返还财产；⑤恢复原状；⑥修理、重作、更换；⑦赔偿损失；⑧支付违约金；⑨消除影响、恢复名誉；⑩赔礼道歉。上述承担民事责任的方式，可以单独适用，也可以合并适用。而且不排除同时适用其他法律制裁。

## 第三节　打官司的诉讼时效

诉讼时效是指权利人经过法定期限不行使自己的权利，依法律规定其胜诉权便归于消灭的时效制度。当权利人得知自己的权利受到侵犯后，必须在法律规定的诉讼时效期间内向人民法院提出请求保护其合法权益。超过法定期限以后再提出请求的，除法律有特别规定的以外，人民法院不再予以保护，即权利人的胜诉权归于消灭，义务人可以不再履行义务。但义务人自愿继续履行的，不受诉讼时效限制，仍然有效。

诉讼时效分为一般诉讼时效和特殊诉讼时效两类。一般诉讼时效是指由民法统一规定的诉讼时效期限。《民法通则》规定的一般诉讼时效期限为2年。特殊诉讼时效是指民法特别规定的短期时效和各种单行法规规定的时效期限。《民法通则》规定下列四种性质的案件，诉讼时效期限为1年：①身体受到伤害要求赔偿的；②出售质量不合格的商品未声明的；③延付或拒付租金的；④寄存财物被丢失或毁损的。《合同法》第一百二十九条规定涉外合同诉讼时效期限为4年。

诉讼时效期限从知道或者应当知道权利被侵害时起计算。但是，从权利被侵害之日起超过 20 年的，当事人便丧失起诉权，人民法院不再受理其提出的起诉。

诉讼时效中止是指在诉讼时效期限的最后 6 个月，因不可抗力或其他障碍不能行使请求权的，诉讼时效停止计算。从中止时效的原因消除之日起，诉讼时效期限继续计算。

诉讼时效中断是指在诉讼时效进行中，由于发生法定事由，使以前经过的时效期限统归无效，时效期限从中断之时起重新计算。法定事由包括提起诉讼、当事人一方提出履行要求和义务人同意履行义务 3 种情况。

诉讼时效延长是指因有特殊情况，权利人不可能按诉讼时效期限行使请求权的，人民法院可以适当延长诉讼时效期限。如因出国、战争等情况而不能行使请求权时，人民法院可以允许延长诉讼时效期限，以保障其合法权益。

# 第四章　民法对人身权利和财产权利的保护

## 第一节　民法对人身权利的保护

### 一、人身权的概念和特征

人身权，又称人身非财产权，是指民事主体所享有的与其人身不可分离而又没有直接财产内容的权利。人身权和财产权是同时并存的，都是民事主体最重要的民事权利。但人身权与财产权不同，它具有自身的法律特征：一是人身权与权利主体的人身不可分离而具有专属性。人身权是一种专属于权利主体的权利，只能由本人享有，既不能转让，也不能继承和遗赠。二是人身权具有绝对权的属性。人身权的权利主体是特定的，义务主体是不特定的，除权利主体以外的任何人都负有不得侵犯其人身权的义务，所以人身权是一种绝对权。

### 二、人身权的种类

人身权分为人格权和身份权两种。

人格权是指民事主体在法律上享有独立人格的权利，是法律赋予并终生享有的权利，每个公民和法人终生享有。公民的人格权，包括生命权、健康权、姓名权、肖像权、名誉权、荣誉权、隐私权和人身自由权等。法人的人格权包括名称权、名誉权和荣誉权等。

身份权是指民事主体所具有的某种特定身份而依法享有的民事权利。公民的身份权包括婚姻自主权、亲权、抚养权、继承权、监护权、著作权、发现权、发明权。法人的身份权包括著作权中的署名权、修改权、商业秘密权等。但上述权利并不是每个公民和法人都能享有的。侵害人身权要承担法律责任。

公民的身体健康、生命、人格尊严和人身自由都受我国民法的保护，任何人都不能侵犯。任何非法侵害他人人身权利的行为，都要承担相应的法律责任。

侵犯他人生命健康权要受到法律制裁。我国《民法通则》规定，侵害公民身体造成伤害的，应当赔偿医疗费、因误工减少的收入、残废者生活补助费等费用；造成死亡的，并应当支付丧葬费、死者生前扶养的人必要的生活费等费用。

人格尊严不可侵犯。法律赋予每个公民人格尊严权。每个公民都平等地享有人格尊严的权利，公民的人格尊严不容非法侵犯。侵权者轻则受到舆论的谴责，重则要承担法律责任。人身自由不可侵犯。人身自由权是我们参加各种活动、充分享受其他各种权利的基本保障。

# 第二节　民法对财产权的保护

## 一、财产所有权的概念

财产所有权是指所有人对自己的财产占有、使用、收益、处分的权利。其中，占有、使用、收益、处分为财产所有权的四项权能。

占有是指所有人对所有财产的实际控制。占有可以分为有权占有与无权占有。有权占有，如合同债权、物权等；无权占有又可以分为善意占有和恶意占有。善意占有，如不知道他人在市场上出售的画是无权处分的，而以合理的价格购买并占有该画；恶意占有，如窃贼对赃物的占有。对于善意占有，如果满足我国法律的有关规定，则国家会保护该种占有，相反，对于恶意占有则会加以制裁，如偷盗财产。

使用是指民事主体按照财产的性能对其加以利用，以满足生产或生活的需要。法律上有所有权的人一定有使用权，但有使用权的人不一定有所有权。

收益是指民事主体收取的所有物的利益，包括孳息和利润。其中，孳息主要包括法定孳息和自然孳息。法定孳息主要是指依据法律规定，由法律关系而产生的收益，如租金、借贷的利息等；而自然孳息则是指原物因自然规律而产生的，如母鸡下的蛋、果树结的果子，及剪下的羊毛等均属自然孳息。收益包含的利润即是把物投入社会生产过程、流通过程所得的利益。

处分是指所有人对财产进行处置的权利。处分权是财产所有人最基本的权利，也是财产所有权的核心内容。原则上只有所有权人才能处分其所有财产，但在特殊情况下如经所有人同意，其他人也可行使处分权。处分权的分离并不一定导致所有权的丧失。

一般情况下，所有人对其财产享有所有权就是对此四项权能全部享有，但日常生活中常会出现四项权能分离或其中几项共存的情况。

## 二、财产所有权的取得

财产所有权的取得是指民事主体获得财产所有权的合法方式和根据。我国《民法通则》第七十二条第一款规定："财产所有权的取得，不得违反法律规定。"财产所有权的合法取得方式可分为原始取得和继受取得两种。另外，还有善意取得制度。

### （一）原始取得

原始取得是指根据法律规定，最初取得财产的所有权或不依赖于原所有人的意志而取得财产的所有权。原始取得主要通过以下途径。

（1）劳动生产。民事主体通过劳动创造劳动产品的过程。

（2）收益。这里主要是指民事主体因为对原物的所有权而获取的孳息及利润。

（3）添附。是指民事主体把不同所有权的财产合并在一起，从而形成新形态的财产，这种将不同所有权的财产合并的行为即为添附。添附主要通过混合、附合和加工3种方式。

（4）没收。主要是指国家根据法律、法规采用强制手段，将财产收归国有，如征税、没收违法所得等。

（5）遗失物及所有人不明的埋藏物和隐藏物。一般情况下，遗失物经查找、公告后无所有人认领及所有人不明的埋藏物和隐藏物，其所有权收归国家。

**（二）继受取得**

继受取得是指通过某种法律行为从原所有人处取得对某项财产的所有权。这里所说的法律行为包括：①买卖、互易；②赠予；③继承或接受遗赠；④其他合法行为。

**（三）善意取得制度**

所谓善意取得制度，是指动产无处分权的合法占有人，未经原物所有人同意将动产转移给善意第三人，第三人由于善意而依法律规定取得该物所有权，原物所有人丧失所有权的制度。善意取得的构成要件如下：①善意取得只是针对可流通的动产，法律禁止或限制流通的物不可能构成善意取得，如枪支弹药等。②无处分权人为合法占有，如存在保管、仓储、租赁、借用关系等。所以有盗窃、抢夺、抢劫等基于非法占有人意志而产生的非法占有情形的不适用善意取得。③第三人主观上必须为善意，即第三人在无处分权人处分该物时，不知其无处分权。④第三人必须通过有偿取得，即第三人通过买卖、互易、债务清偿、出资等方式取得动产的占有。所以因继承、遗赠等方式取得的财产不能产生善意取得的效果。⑤第三人已占有该动产。

### 三、侵害财产权要承担法律责任

我国《民法通则》规定，公民、法人由于过错侵害国家的、集体的财产，侵害他人财产的，应当承担民事责任。没有过错，但法律规定应当承担民事责任的，应当承担民事责任。侵占国家的、集体的财产或者他人财产的，应当返还财产，不能返还财产的，应当折价赔偿。损坏国家的、集体的财产或者他人财产的，应当恢复原状或者折价赔偿。受害人因此遭受其他重大损失的，侵害人应当赔偿损失。

我国的刑事法律，是保护国家、集体和公民的合法财产权的最严厉、最有效的武器。人民法院依据刑法，打击和惩罚各种侵犯财产权的犯罪行为，保护合法财产的所有权。

我国物权法规定，物权受到侵害的，权利人可以通过和解、调解、仲裁、诉讼等途径解决。侵害物权，除承担民事责任外，违反行政管理规定的，依法承担行政责任；构成犯罪的，依法追究刑事责任。

## 第三节　学会利用合同参与民事活动

### 一、合同概述

合同是指平等主体的自然人、法人、其他组织之间设立、变更、终止民事权利义务关系的协议。其中，享有权利的人为债权人，承担义务的人为债务人。

合同具有以下特征。

（1）合同是平等民事主体之间所实施的一种民事法律行为。任何一方不得将自己的意愿强加给另一方。合同是一种民事法律行为，据此合同的签订必须符合法律、法规，否则不能产生效力。

（2）合同是以设立、变更、终止民事权利义务关系为目的。

合同除涉及债权债务关系外，还涉及民事关系的其他方面，如物权方面。合同的目的除了设立民事权利义务关系外，还包括变更、终止民事权利义务关系。

（3）合同是当事人意思表示一致的体现。合同是双方的民事法律行为，合同的成立必须要有两个以上的当事人，各方当事人必须互相做出意思表示，并且是当事人在平等、自愿基础上协商一致达成的意思表示。

合同法是调整平等主体的自然人、法人、其他组织之间设立、变更、终止民事权利义务关系的法律规范的总称。1999 年 3 月 15 日第九届全国人民代表大会第二次会议通过了《合同法》。该法的立法宗旨是为了保护合同当事人的合法权益，维护社会经济秩序，促进社会主义现代化建设。该法自 1999 年 10 月 1 日起施行。

## 二、订立合同的条款

当事人订立合同，有书面形式、口头形式和其他形式。行政法规规定采用书面形式的，应当采用书面形式。当事人约定采用书面形式的，应当采用书面形式。书面形式是指合同书、信件和数据电文等可以有形地表现所载内容的形式。

合同的内容由当事人约定，一般应当包括以下条款。

（1）当事人的名称或者姓名和住所。这是对合同主体的要求。只有清楚合同当事人的名称或姓名，合同的主体才能特定化和具体化。合同主体的住所对于合同的履行和合同的管辖也非常重要。

（2）标的。标的是合同权利和义务共同指向的对象。标的是一切合同的主要条款，标的条款必须清楚地写明标的名称，以使标的特定化。

（3）数量和质量。这是确定合同标的的具体条件。标的质量要明确具体，数量要确切。质量要求不明确的，按照国家标准、行业标准履行；没有国家标准、行业标准的，按照通常标准或者符合合同目的的特定标准履行。

（4）价款或者报酬。这是当事人一方取得标的应当向对方支付的代价，因此，价款或者报酬是有偿合同应当具备的条款。

（5）履行期限、地点和方式。履行期限直接关系到合同义务完成的时间，因而是重要的条款。地点是确定验收地点的依据，是确定费用负担、风险承担的依据。履行方式，如是一次交付还是分批交付，也同样关系到当事人的利益。

（6）违约责任。这是当事人违反合同义务应当承担的责任，在合同中应明确规定违约责任，以督促当事人自觉履行合同。

（7）解决争议的方法。当事人可在合同中约定，当发生纠纷时，是进行协商，还是申请仲裁或是诉讼。

### 三、合同的订立程序

当事人订立合同，通常分为要约和承诺两个阶段。

#### （一）要约

要约，是要约人希望和他人订立合同的意思表示，也称为订约提议、发盘或发价。要约到达受要约人时生效。在要约的有效期内，要约人不得随意变更或撤回要约。如必须撤回要约的，其通知应当在要约到达受要约人之前或者与要约同时到达受要约人。

要约必须具备以下要件。

（1）要约须由要约人向相对人作意思表示。当事人要约，是为了唤起相对人的承诺，进而成立合同。因此，要约必须向相对人作出。不以特定人为对象的缔约意思，只是一种宣传，通常被认为是要约邀请，如一般商业广告、价目表。

（2）要约须是受相对人承诺拘束的意思表示。要约的目的是订立合同，因此要约成立时，要约人负有与相对人订立合同的义务，相对人一旦承诺，合同即告成。

（3）要约的内容必须明确具体。具体是指要约的内容必须具有足以使合同成立的主要条款，如不能包含合同的主要条款，即使做出承诺，也会因要约的意思残缺而无法成立合同。

要约到达受要约人时生效，要约人有接受承诺的义务，不得随意撤回、撤销或变更要约。要约生效后，受要约人获得承诺的权利，除有法律规定或预约外，受要约人不负承诺的义务；若不作承诺，也无须通知要约人。

**（二）承诺**

承诺，是受要约人同意要约的意思表示，也称为接受提议或接盘。承诺的内容应当和要约的内容一致。《合同法》规定，受要约人对要约的内容做出实质性变更的，为新要约。合同的内容以承诺的内容为准。承诺应当在要约规定的期限内到达要约人，自承诺到达要约人时生效。

承诺必须满足以下要件。

（1）由受要约人向要约人做出。承诺的意思表示一般应以通知的方式做出，并于到达要约人时生效。

（2）承诺的意思表示必须与要约的内容一致。承诺的内容必须与要约的内容一致是指受要约人必须同意要约的实质内容，而不得对要约的内容作实质性更改，否则不构成承诺，应视为对原要约的拒绝并做出一项新的要约。

（3）承诺必须在规定的期限内到达要约人。承诺的意思表示，只有在承诺规定的期限内到达才生效。逾期做出的承诺，视为新的要约。

承诺生效，合同即告成立。因此确认承诺的生效时间，即为认定合同成立的时间。承诺到达要约人时生效，承诺生效时合同成立。

### 四、合同的效力

合同的效力即合同的法律效力，是指依法成立的合同对当事人各方乃至第三人具有法律约束力。正如法律谚语所说的："契约是当事人间的法律。"因此，合同当事人必须全面履行合同规定的义务，否则，应依法承担法律责任。

**（一）合同的生效**

《合同法》第三章对合同的生效做出了明确的规定。

第一，依法成立的合同，自成立时生效。

第二，法律、行政法规规定应当办理批准、登记等手续生效的，自批准、登记等手续办理齐备时生效。

第三，当事人对合同效力可以约定附条件。附生效条件的合同，自条件成就时生效。附解除条件的合同，自条件成就时失效。

第四，当事人对合同的效力可以约定附期限。附生效期限的合同，自期限届至时生效。附终止期限的合同，自期限届满时失效。

第五，采用书面形式订立合同。在签字或者盖章之前，当事人一方已经履行主要义务，对方接受的，该合同成立。

**（二）无效合同**

无效合同是指合同当事人违反法律规定而签订的合同。无效合同从订立时起就不具有法律约束力。如果无效合同或无效条款已经履行，由于它自始无效，所以，已履行的行为亦归无效。但合同部分无效，不影响其他部分效力的，其他部分仍然有效。

根据《合同法》规定，出现下列3种情况者合同无效。

第五十二条，有下列情形之一的，合同无效：

（一）一方以欺诈、胁迫的手段订立合同，损害国家利益；

（二）恶意串通，损害国家、集体或者第三人利益；

（三）以合法形式掩盖非法目的；

（四）损害社会公共利益；

（五）违反法律、行政法规强制性规定的。

第五十三条，合同中的下列免责条款无效：

（一）造成对方人身伤害的；

（二）因故意或重大过失给对方造成财产损失的。

第五十四条，因下列事由订立合同的当事人有权请求人民法院或者仲裁机构变更或者撤销合同：

（一）因重大误解订立的；

（二）在订立合同时显失公平的。

具有撤销权的当事人自知道或者应当知道撤销事由之日起一年内行使撤销权。当事人如果在一年之内不行使撤销权，撤销权消灭。

所谓重大误解，根据最高人民法院《关于贯彻执行〈中华人民共和国民法通则〉若干问题的意见（试行）》（以下简称《意见》）第七十一条规定："行为人因对行为的性质、对方当事人、标的物的品种、质量、规格和数量等的错误认识，使行为的后果与自己的意思相悖，并造成较大损失的，可以认定为重大误解。"但在确认是否属于重大误解时，还应注意以下三点：第一，必须是订立合同时的误解，订立合同后不存在误解；第二，必须是在订立合同时对已存在事实的误解，而不是对尚未发生的事实的误解；第三，必须是使误解方遭受较大损失的误解，而不是对轻微损失的误解。

所谓显失公平，《意见》第七十二条规定："一方当事人利用优势或者利用对方没有经验，致使双方的权利与义务明显违反公平、等价有偿原则的，可以认定为显失公平。"这里强调的是在订立合同时就存在显失公平，而不是合同履行的结果，并且显失公平必须是所订立的合同对一方明显过分有利，而且是合同一方当事人利用了自己的优势或者利用了对方没有经验，致使双方权利义务明显违反公平、等价有偿原则的行为。

### （三）可变更或可撤销的合同

可变更或可撤销合同是指当事人因对合同内容有重大误解而签订的合同，订立时显失公平的合同以及一方以欺诈、胁迫的手段或乘人之危使对方在违背真实意思表示的情况下订立的合同。重大误解是指合同一方当事人因对合同主要条款的错误认识，使合同履行的后果与自己的真实意思相悖，并造成较大损失的情形。显失公平是指一方当事人利用优势或对方没有经验，致使双方权利义务明显不对等，使一方遭受重大不利的行为。由于以上原因造成可变更或可撤销的情况，当事人享有一定期限内向特定机关（仲裁机构或人民法院）请求变更或撤销权。一般来说，撤销权人是受害的合同当事人。当事人请求予以变更合同的，应当变更；当事人请求撤销的，有权机关可以酌情予以变更或撤销。合同因变更引起损失的，由过错一方给对方适当补偿。合同被撤销的，则发生无效合同的法律后果。被撤销的合同自始没有法律约束力。但是，合同被撤销的，并不影响合同中独立存在的有关争议解决方法条款的效力，以利于双方当事人结清剩余权利义务关系，维护经济秩序的稳定。

### （四）效力待定的合同

效力待定的合同是指合同本身欠缺有效要件，具有瑕疵，又不绝对失去效力，能否发生预期的法律效力，尚待有权人追认的一类合同。这类合同在追认前，处于效力不确定状态。效力待定合同欠缺有效要件，但与无效合同欠缺有效要件有本质的区别。

无效合同欠缺有效要件，违背合同法则，严重侵害国家、社会公共利益，其瑕疵具有不可修复性。而效力未定合同并不损害合同法则，对社会公共利益的侵害相对轻微，其瑕疵可以修复，因此法律对它的否定性评价仅是相对的。效力待定的合同主要有这样几种：无民事行为能力人、限制民事行为能力人订立的合同；无权代理人、无权处分人订立的合同。合同法规定，只要双方出于善意的目的，都可以允许修复、确定合同的效力。如果经过有权人的追认，合同即完全有效，这样既保护了当事人的合法权益，达成了交易，又稳定了市场的秩序。

### 五、合同无效或被撤销的法律后果

无效合同或可撤销的合同被确认无效后，将产生下列法律后果。

（1）合同无效或者被撤销的，因该合同取得的财产，应当予以返还。

（2）不能返还或者没有必要返还的，应当折价补偿。所谓不能返还，是指应返还的物已被消费、损毁或者转归他人去向不明等而无法返还。所谓没有必要返还，主要是指应当返还的财物已被善意第三人合法取得，或者善意第三人将财物再次进入流通领域又转让给他人等。有过错一方应当赔偿对方因此所受到的损失，双方都有过错的，应当各自承担相应的责任。

（3）当事人恶意串通，损害国家、集体或者第三人利益的，因此取得的财产将归国家所有或者返还集体或第三人。

（4）合同是否无效或可撤销，其确认权由人民法院或仲裁机关行使。

### 六、合同的履行

合同的履行，是指合同生效后，双方当事人按照合同规定的各项条款，完成各自承担的义务和实现各自享受的权利，使双方当事人的合同目的得以实现的行为。

履行合同，必须贯彻以下原则。

（1）诚实信用原则。即当事人应当根据合同的性质、目的和交易习惯履行通知、协助、保密等义务，不得擅自变更或解除合同。履行中，因不可抗力而不能履行合同的全部或部分义务时，应及时通知对方；债权人在接受履行方面应提供协助或方便；对涉及的商业秘密和国家秘密，双方应当保密。

（2）实际履行原则。即当事人应按照法律规定或约定的标的履行合同，不得任意主张用其他标的来代替，也不能在有能力履行合同而对方又要求实际履行时故意不作实际履行而主张用支付违约金或赔偿损失的办法来代替。

如果当事人就有关合同内容约定不明确的，可以协议补充；不能达成补充协议的，按照合同有关条款或交易确定。仍不能确定的，适用下列规定。

（1）质量要求不明确的，按照国家标准、行业标准履行。

（2）没有国家标准、行业标准的，按照通常标准或符合合同目的的特定标准履行。价款或报酬不明确的，按照订立合同时履行地的市场价格履行；执行政府定价或政府指导价的，按照规定履行。

（3）履行地点不明确的，给付货币的，在接受货币一方所在地履行。

（4）交付不动产的，在不动产所在地履行；其他标的，在履行义务一方所在地履行。

（5）履行期限不明确的，债务人可随时履行，债权人也可以随时要求履行，但应当给对方必要的准备时间。

（6）履行方式不明确的，按照有利于实现合同目的的方式履行。履行费用的负担不明确的，由履行义务一方承担。

# 第四节　农村常见侵权行为

## 一、侵权责任的判定

在确定一个人的行为是否应当承担侵权责任时，依据以下原则来判定。

（1）过错责任原则。由于过错侵害他人人身、财产的，应当承担侵权责任。

（2）过错推定原则。依照法律规定，推定侵权人有过错的，受害人不必证明侵权人过错；侵权人能够证明自己没有过错的，不承担侵权责任。

（3）无过错责任原则。没有过错，但法律规定应当承担侵权责任的，应当承担侵权责任。

（4）公平责任原则。《中华人民共和国侵权责任法》（简称《侵权责任法》）第二十四条："受害人和行为人对损害的发生都没有过错的，可以根据实际情况，由双方分担损失。"

## 二、农村常见的侵权类型

### （一）监护人承担责任的规定

侵权责任法规定，未成年人、精神病人造成他人损害的，由监护人承担侵权责任。监护人尽到监护责任的，可以减轻其侵权责任。如果未成年人、精神病人有财产，从本人财产中支付赔偿费用。不足部分，由监护人赔偿。

### （二）个人劳务关系侵权责任的规定

侵权责任法规定，个人之间形成劳务关系，提供劳务一方因劳务造成他人损害的，由接受劳务一方承担侵权责任。提供劳务一方因劳务自己受到损害的，根据双方各自的过错承担相应的责任。

### （三）公共场所发生损害的责任承担

侵权责任法规定，宾馆、商场、银行、车站、娱乐场所等公共场所的管理人或者群众性活动的组织者，未尽到安全保障义务，造成他人损害的，应当承担侵权责任。因第三人的行为造成他人损害的，由第三人承担侵权责任；管理人或者组织者未尽到安全保障义务的，承担相应的补充责任。

### （四）高度危险责任

民法规定从事高度危险作业造成他人损害的，应当承担侵权责任。高度危险作业包括民用核设施；民用航空器；易燃、易爆、剧毒、放射性；高空、高压、地下挖掘或高速轨道运输工具；遗失、抛弃高度危险物等。

侵权责任法进一步规定，占有或者使用易燃、易爆、剧毒、放射性等高度危险物造成他人损害的，占有人或者使用人应当承担侵权责任，但能够证明损害是因受害人故意或者不可抗力造成的，不承担责任。被侵权人对损害的发生有重大过失的，可以减轻占有人或者使用人的责任。

### （五）饲养动物造成损害的责任

侵权责任法规定，饲养的动物造成他人损害的，动物饲养人或者管理人应当承担侵权责任，但能够证明损害是因被侵权人故意或者重大过失造成的，可以不承担或者减轻责任。同时还规定，遗弃、逃逸的动物在遗弃、逃逸期间造成他人损害的，由原动物饲养人或者管理人承担侵权责任。

### （六）物件损害责任

侵权责任法规定，在公共道路上堆放、倾倒、遗撒妨碍通行的物品造成他人损害的，有关单位或者个人应当承担侵权责任。

与此类似的规定还有其他一些情形。侵权责任法里还有如下规定。

（1）建筑物、构筑物或者其他设施及其搁置物、悬挂物发生脱落、坠落造成他人损害，所有人、管理人或者使用人不能证明自己没有过错的，应当承担侵权责任。所有人、管理人或者使用人赔偿后，有其他责任人的，有权向其他责任人追偿。

（2）建筑物、构筑物或者其他设施倒塌造成他人损害的，由建设单位与施工单位承担连带责任。建设单位、施工单位赔偿后，有其他责任人的，有权向其他责任人追偿。因其他责任人的原因，建筑物、构筑物或者其他设施倒塌造成他人损害的，由其他责任人承担侵权责任。

（3）从建筑物中抛掷物品或者从建筑物上坠落的物品造成他人损害，难以确定具体侵权人的，除能够证明自己不是侵权人的外，由可能加害的建筑物使用人给予补偿。

（4）堆放物倒塌造成他人损害，堆放人不能证明自己没有过错的，应当承担侵权责任。

（5）因林木折断造成他人损害，林木的所有人或者管理人不能证明自己没有过错的，应当承担侵权责任。

（6）在公共场所或者道路上挖坑、修缮安装地下设施等，没有设置明显标志和采取安全措施造成他人损害的，施工人应当承担侵权责任。井等地下设施造成他人损害，管理人不能证明尽到管理职责的，应当承担侵权责任。

# 第五章　婚姻、家庭与遗产继承

## 【经典案例】

甲（男）与乙（女）经人介绍，俩人相恋一年后准备结婚，可是当时乙只有18岁，不到法定结婚年龄，不能办理结婚证，急于结婚的甲及其亲人一起提出了一个"锦囊妙计"——用乙姐姐的名字，经过瞒骗办理了结婚证。婚后随着时间的推移，俩人之间发生了矛盾，以致后来感情完全破裂，甲决定要与乙离婚。甲的朋友得知情况后告诉他，他与乙只能称作非法同居，因为按照结婚证，甲的妻子应是乙的姐姐。这使甲陷入了苦恼之中。经过一段时间的思想斗争后，甲终于鼓起了勇气走进了人民法院，要求解除与乙的非法同居关系。

《中华人民共和国婚姻法》（以下简称《婚姻法》）第六条规定："结婚年龄，男不得早于二十二周岁，女不得早于二十周岁。晚婚晚育应予鼓励。"第二十四条规定："未到法定结婚年龄的公民以夫妻名义同居的，或若是符合结婚条件的当事人未经结婚登记以夫妻名义同居的，其婚姻关系无效，不受法律保护。"本案中，骗取结婚证时乙只有18岁，不到法定结婚年龄，其婚姻关系是无效的，不受法律保护，并且乙冒名骗取结婚证，违反了法律上的规定，因此，从一开始甲与乙的婚姻关系就无效。

# 第一节　婚姻家庭法律的基本原则

　　婚姻家庭关系不仅需要道德来维系，也需要法律来调整。婚姻家庭法是调整婚姻和家庭关系的法律规范的总称。婚姻家庭法的基本原则主要有婚姻自由；一夫一妻；男女平等；保护妇女、老人和儿童的合法权益；实行计划生育；夫妻互相忠实、互相尊重，家庭成员间敬老爱幼、互相帮助。

# 第二节　结　婚

　　结婚是指男女双方依照法律规定的条件和程序，确立夫妻关系的法律行为。它包括三层含义：结婚必须是男女两性的结合，结婚必须符合法定条件并遵守法定程序，结婚是男女双方确立夫妻关系的法律行为。

　　结婚的法定条件分为必备条件和禁止条件。结婚的必备条件有 3 个：一是必须男女双方完全自愿。这是婚姻自由原则的必然要求，目的是维护公民的婚姻自主权。二是必须达到法定婚龄。《婚姻法》规定，结婚年龄，男不得早于 22 周岁，女不得早于 20 周岁。晚婚晚育应予鼓励。三是必须符合一夫一妻制。婚姻当事人只有各自在未婚、离婚或丧偶的情况下才能结婚。有配偶而与他人结婚或明知他人有配偶而与之结婚的行为构成重婚罪，要承担法律责任。结婚的禁止条件：一是禁止直系血亲和三代以内旁系血亲结婚。二是禁止患有医学上认为不应当结婚的疾病的人结婚。

　　结婚除必须符合法定条件外，还必须符合法定程序，即要求结婚的男女双方必须亲自到婚姻登记机关进行结婚登记。符合规定条件的，予以登记，发给结婚证。取得结婚证，即确立夫妻关系。结婚登记是婚姻关系成立的法定标志。内地居民办理婚姻登记的机关是县级人民政府民政部门或者乡（镇）人民政府，省、自治区、直辖市人民政府可以按照便民原则确定农村居民办理婚姻登记的具体机关。

无效婚姻，是指欠缺婚姻生效的法定要件而不具有法律效力的婚姻。婚姻无效的情形包括：重婚的；有禁止结婚的亲属关系的；婚前患有医学上认为不应当结婚的疾病，婚后尚未治愈的；未到法定婚龄的。因胁迫结婚的，受胁迫的一方可以向婚姻登记机关或者人民法院请求撤销婚姻。无效或被撤销的婚姻自始无效，当事人不具有夫妻的权利和义务。同居期间所得的财产，由当事人协议处理；协议不成由人民法院根据照顾无过错方的原则判决。当事人所生的子女，适用婚姻法有关父母子女的规定。

家庭关系。家庭关系包括夫妻关系、父母子女关系和其他家庭成员关系。夫妻关系，包括人身关系和财产关系两个方面。夫妻间的人身关系，是指夫妻双方与其人身不可分离而没有直接经济内容的在人格、身份、地位以及生育等方面的权利与义务关系。夫妻间的财产关系，是指夫妻双方在财产、扶养和继承等方面的权利与义务关系。夫妻可以约定婚姻关系存续期间的财产以及婚前财产所有形式。父母子女关系，是指父母与子女之间的权利与义务关系。具体包括父母对子女有抚养教育的义务，有管教和保护未成年子女的权利和义务，同时是未成年子女的法定代理人和监护人。子女对父母有赡养扶助的义务，即经济上的必要帮助和精神上的关心照顾，这种义务是无条件的。父母与子女间有相互继承遗产的权利。此外，非婚生子女与生父母的关系、受继父或继母抚养的继子女与继父母的关系、养子女与养父母的关系，与婚生子女与父母的关系相同。其他家庭成员关系，是指祖父母、外祖父母与孙子女、外孙子女之间，兄弟姐妹之间的权利义务关系。

# 第三节　离　婚

　　离婚是指夫妻双方依法解除婚姻关系的行为。处理离婚时必须遵循以下两个原则：一是保障离婚自由。男女双方自愿离婚或符合法定离婚条件的，应依法准予离婚。二是反对轻率离婚。离婚标志着夫妻关系的解除和终止，从而引起一系列法律后果，对家庭和社会都将产生一定的影响，所以离婚自由的原则不能滥用。

　　离婚有两种方式：一种是协议离婚，是指男女双方自愿离婚，并对子女抚养教育和夫妻财产分割等问题达成协议，到婚姻登记机关申请离婚的行为。另一种是诉讼离婚，是指一方要求离婚，另一方不同意离婚，或双方虽系自愿离婚，但在对子女抚养或夫妻财产分割未能达成协议的情况下，婚姻当事人向人民法院提起离婚诉讼的行为。

　　为了保护现役军人和妇女的特殊利益，《婚姻法》规定：现役军人的配偶要求离婚时，须得军人同意，但军人有重大过错的除外；女方在怀孕期间、分娩后 1 年内或者终止妊娠 6 个月内，男方不得提出离婚，但女方提出离婚或人民法院认为确有必要受理男方离婚请求的，不在此限。

　　离婚只是从法律上解除了夫妻关系，父母与子女的血亲关系并不因此而消除，无论子女由哪方抚养，仍是父母双方的子女，故离婚后父母对子女仍有抚养和教育的权利和义务。任何一方都不得以任何借口侵害这种权利或逃避这种义务。不直接抚养子女的一方有探望子女的权利，另一方有协助的义务。离婚后子女抚养问题可以协议解决，协议不成由法院判决。至于离婚后的财产问题，夫妻共同财产由双方协议处理，协议不成由法院判决；原为夫妻共同生活所负债务应当共同偿还，共同财产不足清偿的，则由双方协议清偿，协议不成由法院判决。

《婚姻法》还规定了离婚过错损害赔偿制度。当夫妻一方有下列过错而导致离婚的，无过错方有权请求损害赔偿：重婚的；有配偶者与他人同居的；实施家庭暴力的；虐待、遗弃家庭成员的。有过错方应当向无过错方支付赔偿金。

道德和法律是社会生活的两种重要调控手段，它们从不同的角度保护着婚姻家庭这个人生的港湾。树立家庭美德，遵循婚姻法律规范，倡导和谐理念，培育和谐精神，是生活对人们提出的客观要求。同学们走进学校，离开了养育自己的父母，开始了独立的生活，也有了对未来的憧憬，应该在成长的过程中深刻地体会对婚姻和家庭所应当承担的责任和义务。

## 第四节　救助措施与法律责任

### 一、家庭暴力的救助措施与法律责任

婚姻法规定，家庭成员遭受家庭暴力或虐待的，受害人有权请求居委会、村民委员会及所在单位予以劝阻、调解。对正在实施暴力的，居委会、村民委员会应当予以劝阻，公安机关应当予以制止。受害人提出请求的，公安机关应依照治安管理处罚条例予以行政处罚。

为切实保障所有家庭成员特别是妇女儿童权益，努力让每个家庭和睦幸福，我国在2016年3月颁布了《中华人民共和国反家庭暴力法》，明确规定了对家庭暴力行为的预防、处置，并规定了人身安全保护令制度。受害者应当学会运用法律维护自己的合法权益。

#### （一）家庭暴力概述

家庭暴力是指近亲属如夫妻、父母子女、公婆媳、岳父母婿等之间实施的身体暴力、精神暴力及性暴力行为。

家庭暴力往往是日积月累、日复一日，受害人经常性地受

到侵害，并呈循环性特点。受害人也希望施暴者痛改前非，而施暴者一次次重复，受害人一次次失望，在痛苦中度日。在这种情形下，受害人往往以"家丑不可外扬"的思想束缚而忍气吞声，致施暴者变本加厉。

在所有家庭暴力中最常见的是夫妻暴力，夫妻暴力指夫妻之间一切形式的身体暴力、精神暴力和性暴力行为。身体暴力如夫妻一方殴打另一方致死、致残、重伤的；夫妻间拳打脚踢、咬、掐、拧、推、搡、扇耳光等人身伤害或羞辱行为；妇女在孕产期间遭配偶殴打的；在离婚诉讼期间殴打或唆使他人殴打配偶的。精神暴力如夫妻一方对另一方经常性的威胁、恫吓、辱骂，造成对方精神疾患的；以伤害相威胁，以损害家具、伤害动物、打骂孩子相恫吓，造成对方精神恐惧、安全受到威胁的；为达精神控制目的对配偶经常性的当众或私下恶意贬低、羞辱、挖苦、奚落、嘲笑、谩骂致对方不堪忍受的；经常刁难、干涉、猜疑、阻止、限制对方行动自由，影响对方正当工作生活的；公开带第三者回家同居羞辱配偶的。性暴力的具体行为是：经常以暴力强行与配偶发生性行为造成伤害后果的；酗酒后以暴力强行与配偶发生性行为，致对方不堪忍受的；患有传播性性疾病以暴力强行与配偶发生性行为的；以暴力方式强行对配偶实施变态性虐待的。

**（二）家庭暴力的处置**

1. 遭受家庭暴力受害人怎么办

家庭暴力受害人及其法定代理人、近亲属可以向加害人或者受害人所在单位、居民委员会、村民委员会、妇女联合会等单位投诉、反映或者求助。有关单位接到家庭暴力投诉、反映或者求助后，应当给予帮助、处理。

家庭暴力受害人及其法定代理人、近亲属也可以向公安机关报案或者依法向人民法院起诉。

单位、个人发现正在发生的家庭暴力行为，有权及时劝阻。

2. 儿童受到家庭暴力怎么办

学校、幼儿园、医疗机构、居民委员会、村民委员会、社会工作服务机构、救助管理机构、福利机构及其工作人员在工作中发现儿童遭受或者疑似遭受家庭暴力的，应当及时向公安机关报案。公安机关应当对报案人的信息予以保密。

3. 实施家庭暴力会受到怎样处理

（1）公安机关接到家庭暴力报案后应当及时出警，制止家庭暴力，按照有关规定调查取证，协助受害人就医、鉴定伤情。

（2）家庭暴力情节较轻，依法不给予治安管理处罚的，由公安机关对加害人给予批评教育或者出具告诫书。公安机关应当将告诫书送交加害人、受害人，并通知居民委员会、村民委员会。居民委员会、村民委员会、公安派出所应当对收到告诫书的加害人、受害人进行查访，监督加害人不再实施家庭暴力。

（3）加害人实施家庭暴力，构成违反治安管理行为的，依法给予治安管理处罚；构成犯罪的，依法追究刑事责任。

4. 家庭暴力的受害人可以得到什么样的救助

（1）政府应当为家庭暴力受害人提供临时生活帮助。

（2）法律援助机构应当依法为受害人提供法律援助。人民法院应当依法对家庭暴力受害人缓收、减收或者免收诉讼费用。

（3）监护人实施家庭暴力严重侵害被监护人合法权益的，人民法院可以根据被监护人的近亲属、居民委员会、村民委员会、县级人民政府民政部门等有关人员或者单位的申请，依法撤销其监护人资格，另行指定监护人。被撤销监护人资格的加害人，应当继续负担相应的赡养、扶养费用。

（4）妇女联合会、残疾人联合会、居民委员会、村民委员会等组织应当对实施家庭暴力的加害人进行法治教育，必要时可以对加害人、受害人进行心理辅导。

### （三）人身安全保护令制度

当事人因遭受家庭暴力或者面临家庭暴力的现实危险，向人民法院申请人身安全保护令的，人民法院应当受理。当事人因受到强制、威吓等原因无法申请人身安全保护令的，其近亲属、公安机关、妇女联合会、居民委员会、村民委员会、救助管理机构可以代为申请。

人民法院作出人身安全保护令应当具备下列条件：有明确的被申请人；有具体的请求；有遭受家庭暴力或者面临家庭暴力现实危险的情形。

人身安全保护令可以包括下列措施：禁止被申请人实施家庭暴力；禁止被申请人骚扰、跟踪、接触申请人及其相关近亲属；责令被申请人迁出申请人住所；保护申请人人身安全的其他措施。

加害人违反人身安全保护令，构成犯罪的，依法追究刑事责任；尚不构成犯罪的，人民法院应当给予训诫，可以根据情节轻重处以 1 000 元以下罚款、15 日以下拘留。

### 二、遗弃家庭成员的救助措施和法律责任

被遗弃的家庭成员，有权提出请求，居委会、村民委员会及所在单位应当予以劝阻、调解。受害人向人民法院提出请求支付抚养费、扶养费、赡养费的，人民法院应予支持。

### 三、隐藏、转移、变卖、毁坏夫妻共同财产的责任

离婚时，一方隐藏、转移、变卖、毁坏夫妻共同财产，或伪造债务企图侵占另一方财产的，对隐藏、转移、变卖、毁坏夫妻共同财产或伪造债务的一方，可以少分或不分。离婚后，另一方发现有上述行为的，可以向人民法院提起诉讼，请求再

次分割夫妻共同财产。人民法院按民事诉讼法的规定，对这种行为予以制裁。

### 四、重婚，虐待、遗弃家庭成员的刑事责任

重婚和虐待、遗弃家庭成员，构成犯罪的，可以依刑法规定，当事人向人民法院提起自诉，或由人民检察院提起公诉，追究其刑事责任。

### 五、拒绝亲子鉴定的责任

当事人一方起诉请求确认亲子关系，并提供必要证据予以证明，另一方没有相反证据又拒绝做亲子鉴定的，人民法院可以推定请求确认亲子关系一方的主张成立。

### 六、夫妻关系存续期间要求分割共同财产的救济措施

婚姻关系存续期间，夫妻一方请求分割共同财产的，法院不予支持，但有下列重大理由且不损害债权人利益的除外：一方有隐藏、转移、变卖、毁损、挥霍夫妻共同财产或者伪造夫妻共同债务等严重损害夫妻共同财产利益行为的；一方负有法定扶养义务的人患重大疾病需要医治，另一方不同意支付相关医疗费用的。

## 第五节　继承法

### 一、继承的概念和特征

继承是自然人死亡后，其近亲属按照其有效的遗嘱或者法律的规定，无偿取得其遗留的个人合法财产的法律制度。在继承中，遗留财产的死者称为被继承人；依法承接死者遗留财产的称为继承人；死者死亡时所遗留的财产称为遗产；继承人因继承遗产而产生的关系称为继承法律关系；继承人继承遗产的权利称为继承权。从继承的概念看出，继承具有以下特征。

（1）继承的发生原因是自然人的死亡，包括自然死亡和宣告死亡。

（2）继承的主体只能是享有继承权的死者的近亲属，国家、集体、其他社会组织和自然人只能成为受遗赠人。

（3）继承的财产的范围是自然人死亡时所遗留的个人合法财产。如果死者没有财产，也就不会发生继承。

（4）继承的法律后果是财产的权利主体发生变更，即由继承人无偿获得被继承人的遗产。

## 二、继承的基本原则

### （一）男女平等原则

（1）被继承人不分性别具有同样处分自己遗产的权利。

（2）自然人的继承遗产的权利不因性别的不同而有差异。

（3）同一顺序的继承人继承的遗产应均等。

（4）代位继承时男女双方都有代位权。

（5）配偶之间任何一方先于对方死亡，不仅有权获得遗产，而且有权处分自己所有的财产和所继承的遗产，任何人不得以性别不同加以干涉。

### （二）养老育幼、互助互济的原则

（1）法定继承中规定，对于生活有特殊困难的缺乏劳动能力的继承人，分配遗产时，应当予以照顾。

（2）遗嘱继承规定，遗嘱应对缺乏劳动能力又没有生活来源的继承人保留必要的遗产份额。

（3）遗产分割时，应当保留胎儿的继承份额。

（4）继承人遗弃被继承人，或者虐待被继承人情节严重的，或者故意杀害被继承人的，丧失继承权。

（5）公民可以与扶养人或集体所有制组织签订遗赠扶养协议，使自已生养死葬获得保障。

**(三) 权利义务相一致原则**

(1) 丧偶儿媳对公婆、丧偶女婿对岳父母尽了主要赡养义务的，作为第一顺序继承人继承被继承人的遗产。

(2) 继子女、继父母、继兄弟只有"有扶养关系"才能相互继承遗产。

(3) 同一顺序继承人继承遗产份额一般应当均等，但对被继承人尽了主要扶养义务的人在分配遗产时可以多分；有扶养能力和扶养条件的继承人不尽扶养义务的，分配遗产时则少分或不分。

(4) 对被继承人生前扶养较多的法定继承人以外的人可以分得适当的遗产。

(5) 继承人故意杀害被继承人的，遗弃被继承人的，或者虐待被继承人情节严重的，丧失继承遗产的权利。

(6) 继承人在接受遗产的同时，必须在所继承的遗产实际价值的限度内，对被继承人依法应当缴纳的税款和债务负清偿责任。

(7) 在有遗赠扶养协议时，只有扶养人按照协议尽了扶养义务的，才有权取得遗产。

## 三、继承法

继承法是调整继承关系的法律规范的总称。继承法是民法的重要组成部分。现行的《中华人民共和国继承法》（以下简称《继承法》）1985 年颁布施行，不仅规定了法定继承、遗嘱继承、遗产的处理，而且还规定了遗赠和遗赠扶养协议。实际上，遗赠和遗赠扶养协议并不是继承关系，但是由于二者涉及公民死后的遗产处理，关系到其他继承人的切身利益，因而也在继承法中做了明确规定。

#### 四、继承权的取得

继承权基于特殊的身份关系而取得，包括血缘关系、婚姻关系和扶养关系。从直接的意义上讲，继承权的取得是基于法律的直接规定或合法有效的遗嘱。

#### 五、继承权的接受和放弃

##### （一）继承权的接受

继承权的接受是指继承人同意接受被继承人遗产的意思表示。我国《继承法》第二十五条规定："继承开始后，继承人放弃继承的，应当在遗产处理前，作出放弃的表示。没有表示的，视为接受继承。"接受继承的意思表示方式，既可以明示，也可以是默示。接受继承是单方法律行为，不需要其他人有相应的意思表示即发生法律效力。

##### （二）继承权的放弃

继承权的放弃是指继承开始，继承人作出不接受遗产的意思表示。放弃继承权，必须是在继承开始后遗产分割之前，用明示的方式作出放弃意思表示。在遗产分割之前没有作出放弃继承权的意思表示的，视为接受继承。在遗产分割后作出放弃遗产的意思表示的，则不是放弃继承权，而是放弃应分得的遗产的所有权。放弃继承权后即丧失了继承权。

#### 六、继承权的丧失

继承权的丧失是指继承人依法失去继承权。继承权的丧失是由于某些法律规定的事由而使继承人丧失继承权，而不是基于继承人丧失继承权的意思表示。《继承法》规定继承人在以下情况下丧失继承权。

（1）故意杀害被继承人的。

（2）为争夺遗产而杀害其他继承人的。

（3）遗弃被继承人的，或者虐待被继承人情节严重的。

（4）伪造、篡改或者销毁遗嘱，情节严重的。

## 七、法定继承

法定继承是指按照法律规定的继承人范围、继承人顺序和遗产分配原则进行继承的方式。法定继承是以一定的人身关系为基础的，即主要依继承人与被继承人之间存在的一定的婚姻、血缘关系而确定。设立法定继承制度的根据和理由，主要是考虑在被继承人没有设立遗嘱的情况下，推定其本人的意思把遗产留给他的近亲属。

### （一）法定继承的适用范围

（1）被继承人生前没有立遗嘱，也没有订立遗赠抚养协议。

（2）遗嘱继承人放弃继承或者受遗赠人放弃受遗赠。

（3）遗嘱继承人丧失继承权。

（4）遗嘱继承人、受遗赠人先于遗嘱人死亡。

（5）遗嘱未加处分的遗产。

（6）遗嘱无效部分所涉及的遗产。

### （二）法定继承人的范围和继承顺序

法定继承人的范围是指法律明确规定享有继承权的人。我国《继承法》根据婚姻关系、血缘关系以及由此形成的扶养关系确定了法定继承人的范围和继承顺序。

1. 法定继承人的范围

（1）配偶。所谓配偶是指合法结婚而确立夫妻身份的男女双方。夫妻双方互为配偶。我国《婚姻法》第十八条规定，夫妻互有继承遗产的权利。

（2）子女。子女是被继承人最近的直系晚辈亲属，包括婚生子女、非婚生子女、养子女和有扶养关系的继子女。继子女原则上只能继承生父母的遗产，而不能继承继父或继母的遗产，但如果继子女和继父或继母有扶养关系，继子女就既能继承继父或继母的遗产，也能继承生父或生母的遗产。养子女只能继承养父母的遗产，不能继承生父母的遗产。同时，遗产分割时，应当保留胎儿的继承份额，胎儿出生时是死体的，保留份额按照法定继承办理。

（3）父母。父母是被继承人最近的直系长辈亲属。生父母、养父母以及有抚养关系的继父母都可以依法继承子女的遗产。

（4）兄弟姐妹。兄弟姐妹是被继承人最近的旁系亲属。兄弟姐妹包括同父母的兄弟姐妹、同父异母或同母异父的兄弟姐妹、养兄弟姐妹、有抚养关系的继兄弟姐妹。

（5）祖父母、外祖父母。祖父母、外祖父母与孙子女、外孙子女，是仅次于父母子女关系的直系亲属。我国继承法规定了祖父母、外祖父母是孙子女、外孙子女遗产的法定继承人。

2. 法定继承的顺序

法定继承顺序是指法律规定的法定继承中，法定继承人继承遗产的先后顺序。在继承开始时，并不是所有的法定继承人都可以同时参加遗产继承，而是根据婚姻、血缘关系和彼此在经济上的依赖程度以及共同生活的密切程度等因素来确定遗产的继承顺序。我国《继承法》规定的法定继承顺序有两个：第一顺序：配偶、子女、父母。丧偶儿媳对公婆或丧偶女婿对岳父、岳母尽了主要赡养义务的，作为第一顺序继承人。第二顺序：兄弟姐妹、祖父母、外祖父母。

继承开始后，由第一顺序继承人继承，第二顺序继承人不继承。也就是说，第一顺序继承人较第二顺序继承人有优先权，顺序在先的继承人存在并主张继承时，就排斥顺序在后的继承人，后者就无法继承遗产。只有在没有第一顺序继承人或者他们全部都放弃或丧失继承权时，才可由第二顺序继承人继承。

同一顺序继承人之间无先后次序之分。

**（三）法定继承中的遗产的分配**

1. 法定继承的遗产分配原则

（1）同一顺序的继承人继承的遗产份额一般应均等。即同一顺序继承人在经济情况和对被继承人扶养义务大致相同的情况下，对遗产应作均等分配。

（2）下列情况应特殊处理。①对生活有特殊困难的缺乏劳动能力的继承人。分配遗产时应当予以照顾；②对被继承人尽了主要扶养义务或者与被继承人共同生活的继承人，在分配遗产时可以多分；③有扶养能力和有扶养条件的继承人不尽扶养义务的，分配遗产时应当不分或者少分；④继承人协商同意不均分。

2. 非继承人的遗产取得权

在法定继承中，除法定继承人参加继承外，具备法定条件的其他人也有权适当分得遗产。根据《继承法》第十四条规定，可以分得适当遗产的人包括以下两种人。

（1）继承人以外的依靠被继承人扶养的缺乏劳动能力又没有生活来源的人。这种人须同时具备3个条件：①须缺乏劳动能力；②须没有生活来源；③须在被继承人生前依靠被继承人扶养。

（2）继承人以外的对被继承人扶养较多的人。对被继承人的扶养，既包括经济上、劳务上的扶助，也包括精神上的慰藉。

需要说明的是，这里的所谓继承人以外的人，是指《继承法》第十条规定的继承人以外的人，即法定继承人范围以外的人。可分得适当遗产的人之所以有权取得适当遗产，并非基于继承权，而是基于法律规定的可分给适当遗产的特别条件。

# 第六章　弱势群体的权益保障

## 第一节　妇女的权益保障

### 一、妇女的财产权益

民法上有句经典的话叫作无财产即无人格，人之所以称为人，也就是因为有人格，有尊严。财产权益对维护妇女的利益来说是重中之重。国家保障妇女享有与男子平等的财产权利。具体规定如下。

（1）在婚姻、家庭共有财产关系中，不得侵害妇女依法享有的权益。

（2）农村划分责任田、口粮田等，以及批准宅基地，妇女与男子享有平等的权利，不得侵害妇女的合法权益。妇女结婚、离婚后，其责任田、口粮田和宅基地等，应当受到保障。

（3）妇女享有的与男子平等的财产继承权受法律保护。在同一顺序法定继承人中，不得歧视妇女。丧偶妇女有权处分继承的财产，任何人不得干涉。

### 二、妇女的劳动和社会保障权益

近几年，从乡村进入城市的"农民打工妹"已经成为城市生活不可或缺的一支队伍。打工妹们很多面临着工作环境差、子女求学难等问题，因自身文化程度限制也缺乏自我保护的能力，"农民打工妹"权益被侵害的现象较普遍。在工作中打工妹的职业安全存在着许多问题，超时工作的现象极为普遍，而加班通常是以牺牲健康为代价的。为保障妇女的劳动和社会保障权益，妇女权益保障法规定：

**（一）单位录用职工时的平等**

各单位在录用职工时，除不适合妇女的工种或者岗位外，不得以性别为由拒绝录用妇女或者提高对妇女的录用标准。禁止招收未满 16 周岁的女工。

**（二）工作时的平等**

实行男女同工同酬。

**（三）特殊保护**

（1）任何单位均应根据妇女的特点，依法保护妇女在工作和劳动时的安全和健康，不得安排不适合从事的工作和劳动。

（2）妇女在经期、孕期、产期、哺乳期受特殊保护。《中华人民共和国劳动法》规定，女职工在孕期、产期、哺乳期内用人单位不得解除其劳动合同。《女职工劳动保护特别规定》中规定，不得在女职工怀孕期降低其基本工资或者解除劳动合同。

### 三、妇女的人身权益

保障妇女人身权益的具体规定如下。

（1）妇女的人身自由不受侵犯。禁止非法拘禁和以其他非法手段剥夺或者限制妇女的人身自由，禁止非法搜查妇女的身体。

（2）妇女的生命健康权不受侵犯。禁止溺、弃、残害女婴，禁止歧视、虐待生育女婴的妇女和不育妇女，禁止用迷信、暴力手段残害妇女，禁止虐待、遗弃老年妇女。

（3）禁止拐卖、绑架妇女，禁止收买被拐卖、绑架的妇女。人民政府和有关部门必须及时采取措施解救被拐卖、绑架的妇女。被拐卖、绑架的妇女返回原籍的，任何人不得歧视，当地人民政府和有关部门应当做好善后工作。

（4）禁止卖淫、嫖娼。禁止组织、强迫、引诱、容留、介绍妇女卖淫或者雇用、容留妇女与他人进行猥亵活动。

（5）妇女的肖像权受法律保护。未经本人同意，不得以营利为目的，通过广告、商标、展览橱窗、书刊等形式使用妇女肖像。

（6）妇女的名誉权和人格尊严受法律保护。禁止用侮辱、诽谤、宣扬隐私等方式损害妇女的名誉和人格。

### 四、妇女在婚姻家庭中的权益

#### （一）妇女享有婚姻自主权

禁止干涉妇女的结婚、离婚自由。妇女在婚姻家庭中享有的权益之一即为对男方离婚权的限制。即女方在怀孕期间、分娩后 1 年内或者按照计划生育的要求中止妊娠的，在手术后 6 个月内，男方不得提出离婚。女方提出离婚的，或者人民法院认为确有必要受理男方离婚请求的，不在此限。

#### （二）对家庭财产享有的权益

（1）妇女对依照法律规定的夫妻共同财产享有与其配偶平等的占有、使用、收益和处分的权利，不受双方收入状况的影响。

（2）国家保护离婚妇女的房屋所有权。夫妻共有的房屋，离婚时，分割住房由双方协议解决；协议不成的，由人民法院根据双方的具体情况，按照照顾女方和子女权益的原则判决。夫妻双方另有约定的除外。

夫妻共同租用的房屋，离婚时，女方的住房应当按照照顾女方和子女权益的原则协议解决。

夫妻居住男方单位的房屋，离婚时，女方无房居住的，男方有条件的应当帮助其解决。

### （三）妇女对未成年子女享有平等的监护权

（1）父亲死亡、丧失行为能力或者有其他情形不能担任未成年子女的监护人的，母亲的监护权任何人不得干涉。

（2）离婚时，女方因实施绝育手术或者其他原因丧失生育能力的，处理子女抚养问题，应在有利子女权益的条件下，照顾女方的合理要求。

### （四）生育的权利和自由

妇女有按照国家有关规定生育子女的权利，也有不生育的自由。育龄夫妻双方按照国家有关规定计划生育，有关部门应当提供安全、有效的避孕药具和技术，保障实施节育手术的妇女的健康和安全。

### 五、妇女权益受侵害的救济

妇女的合法权益受到侵害的，有四条救济渠道：一是要求有关部门依法处理；二是依法向仲裁机构申请仲裁；三是向人民法院起诉；四是向妇女组织投诉。

## 第二节　中华人民共和国未成年人保护法

《中华人民共和国未成年人保护法》是为了保护未成年人的身心健康，保障未成年人的合法权益，促进未成年人在品德、智力、体质等方面全面发展，培养有理想、有道德、有文化、有纪律的社会主义建设者和接班人。本法主要内容如下。

（1）本法所称未成年人是指未满十八周岁的公民。

（2）保护未成年人的工作，应当遵循保障未成年人的合法权益、尊重未成年人的人格尊严、适应未成年人身心发展的特点、教育与保护相结合等原则。

（3）国家、社会、学校和家庭应当教育和帮助未成年人运用法律手段，维护自己的合法权益。

（4）共产主义青年团、妇女联合会、工会、青年联合会、学生联合会、少年先锋队及其他有关的社会团体，应协助各级人民政府做好未成年人保护工作，维护未成年人的合法权益。

（5）父母或者其他监护人应当依法履行对未成年人的监护职责和抚养义务，不得虐待、遗弃未成年人；不得歧视女性未成年人或者有残疾的未成年人；禁止溺婴、弃婴。

（6）父母或者其他监护人应当尊重未成年人接受教育的权利，必须使适龄未成年人按照规定接受义务教育，不得使在校接受义务教育的未成年人辍学；应当预防和制止未成年人吸烟、酗酒、流浪以及聚赌、吸毒、卖淫；不得允许或者迫使未成年人结婚，不得为未成年人订立婚约。

（7）父母或者其他监护人不履行监护职责或者侵害被监护的未成年人的合法权益的，应当依法承担责任，经教育不改的，人民法院可以根据有关人员或者有关单位的申请，撤销其监护人的资格。

（8）学校应当尊重未成年学生的受教育权，不得随意开除未成年学生。

（9）学校、幼儿园的教职员应当尊重未成年人的人格尊严，不得对未成年学生和儿童实施体罚、变相体罚或者其他侮辱人格尊严的行为。

（10）按照国家有关规定送工读学校接受义务教育的未成年人，工读学校应当对其进行思想教育、文化教育、劳动技术教育和职业教育。工读学校的教职员应当关心、爱护、尊重学生，不得歧视、厌弃。

（11）博物馆、纪念馆、科技馆、文化馆、影剧院、体育场（馆）、动物园、公园等场所，应当对中小学生优惠开放。

（12）营业性舞厅等不适宜未成年人活动的场所，有关主管部门和经营者应当采取措施，不得允许未成年人进入。

（13）严禁任何组织和个人向未成年人出售、出租或者以其他方式传播淫秽、暴力、凶杀、恐怖等毒害未成年人的图书、报刊、音像制品。

（14）儿童食品、玩具、用具和游乐设施，不得有害于儿童的安全和健康。

（15）任何人不得在中小学、幼儿园、托儿所的教室、寝室、活动室和其他未成年人集中活动的室内吸烟。

（16）任何组织和个人不得招用未满十六周岁的未成年人，国家另有规定的除外。依照国家有关规定招收已满十六周岁未满十八周岁的未成年人的，应当在工种、劳动时间、劳动强度和保护措施等方面执行国家有关规定，不得安排其从事过重、有毒、有害的劳动或者危险作业。

（17）对流浪乞讨或者离家出走的未成年人，民政部门或者其他有关部门应当负责交送其父母或者其他监护人；暂时无法查明其父母或者其他监护人的，由民政部门设立的儿童福利机构收容抚养。

（18）任何组织和个人不得披露未成年人的个人隐私。对未成年人的信件，任何组织和个人不得隐匿、毁弃；除因追查犯罪的需要由公安机关或者人民检察院依照法律规定的程序进行检查，或者对无行为能力的未成年人的信件由其父母或者其他监护人代为开拆外，任何组织或者个人不得开拆。

（19）国家依法保护未成年人的智力成果和荣誉权不受侵犯。对有特殊天赋或者有突出成就的未成年人，国家、社会、家庭和学校应当为他们的健康发展创造有利条件。

（20）对违法犯罪的未成年人，实行教育、感化、挽救的方针，坚持教育为主、惩罚为辅的原则。

（21）已满十四周岁的未成年人犯罪，因不满十六周岁不予刑事处罚的，责令其家长或者其他监护人加以管教；必要时，也可以由政府收容教养。

（22）公安机关、人民检察院、人民法院办理未成年人犯罪的案件，应当照顾未成年人的身心特点，并可以根据需要设立专门机构或者指定专人办理。公安机关、人民检察院、人民法院和少年犯管教所，应当尊重违法犯罪的未成年人的人格尊严，保障他们的合法权益。

（23）公安机关、人民检察院、人民法院对审前羁押的未成年人，应当与羁押的成年人分别看管。对经人民法院判决服刑的未成年人，应当与服刑的成年人分别关押、管理。

（24）十四周岁以上不满十六周岁的未成年人犯罪的案件，一律不公开审理。十六周岁以上不满十八周岁的未成年人犯罪的案件，一般也不公开审理。

对未成年人犯罪案件，在判决前，新闻报道、影视节目、公开出版物不得披露该未成年人的姓名、住所、照片及可能推断出该未成年人的资料。

（25）人民检察院免予起诉、人民法院免除刑事处罚或者宣告缓刑以及被解除收容教养或者服刑期满释放的未成年人，复学、升学、就业不受歧视。

（26）人民法院审理继承案件，应当依法保护未成年人的继承权。人民法院审理离婚案件，离婚双方因抚养未成年子女发生争执，不能达成协议时，应当根据保障子女权益的原则和双方具体情况判决。

（27）侵害未成年人的合法权益，对其造成财产损失或者其他损失、损害的，应当依法赔偿或者承担其他民事责任。学校、幼儿园、托儿所的教职员对未成年学生和儿童实施体罚或者变相体罚，情节严重的，由其所在单位或者上级机关给予行政处分。

（28）企业事业组织、个体工商户非法招用未满十六周岁的未成年人的，由劳动部门责令改正，处以罚款；情节严重的，由工商行政管理部门吊销营业执照。

（29）营业性舞厅等不适宜未成年人活动的场所允许未成年人进入的，由有关主管部门责令改正，可以处以罚款。

（30）向未成年人出售、出租或者以其他方式传播淫秽的图书、报刊、音像制品等出版物的，从重处罚。

（31）侵犯未成年人的人身权利或者其他合法权利，构成犯罪的，依法追究刑事责任。

（32）虐待未成年的家庭成员，对未成年人负有抚养义务而拒绝抚养，情节恶劣的，司法工作人员违反监管法规，对被监管的未成年人实行体罚虐待的，依照有关刑法规定追究刑事责任。

明知校舍有倒塌的危险而不采取措施，致使校舍倒塌，造成伤亡的，依照刑法有关规定追究刑事责任。

（33）教唆未成年人违法犯罪的，引诱、教唆或强迫未成年人吸食、注射毒品或者卖淫的，依法从重处罚。

# 第三节　老年人的权益保障

## 一、家庭赡养与扶养

老年人养老以居家为基础，家庭成员应当尊重、关心和照料老年人。依据《中华人民共和国老年人权益保障法》的有关规定，赡养人在具体义务方面主要应遵守以下规定。

（1）赡养人应当履行对老年人经济上供养、生活上照料和精神上慰藉的义务，照顾老年人的特殊需要。

（2）赡养人应当使患病的老年人及时得到治疗和护理；对经济困难的老年人，应当提供医疗费用。对生活不能自理的老年人，赡养人应当承担照料责任；不能亲自照料的，可以按照老年人的意愿委托他人或者养老机构等照料。

（3）赡养人应当妥善安排老年人的住房，不得强迫老年人居住或者迁居条件低劣的房屋。老年人自有的或者承租的住房，子女或者其他亲属不得侵占，不得擅自改变产权关系或者租赁关系。老年人自有的住房，赡养人有维修的义务。

（4）赡养人有义务耕种或者委托他人耕种老年人承包的田地，照管或者委托他人照管老年人的林木和牲畜等，收益归老年人所有。

（5）家庭成员应当关心老年人的精神需求，不得忽视、冷落老年人。与老年人分开居住的家庭成员，应当经常看望或者问候老年人。

（6）赡养人不得以放弃继承权或者其他理由，拒绝履行赡养义务。赡养人不履行赡养义务，老年人有要求赡养人付给赡养费等权利。赡养人不得要求老年人承担力不能及的劳动。

（7）老年人的婚姻自由受法律保护，子女或者其他亲属不得干涉老年人离婚、再婚及婚后的生活。赡养人的赡养义务不因老年人的婚姻关系变化而消除。

（8）老年人对个人的财产，依法享有占有、使用、收益和处分的权利，子女或者其他亲属不得干涉，不得以窃取、骗取、强行索取等方式侵犯老年人的财产权益。

老年人有依法继承父母、配偶、子女或者其他亲属遗产的权利，有接受赠与的权利。子女或者其他亲属不得侵占、抢夺、转移、隐匿或者损毁应当由老年人继承或者接受赠与的财产。

老年人以遗嘱处分财产，应当依法为老年配偶保留必要的份额。

（9）禁止对老年人实施家庭暴力。

## 二、侵害老年人合法权益的法律责任

老年人对侵犯自己权益的行为，可以申请人民调解委员会或者其他有关组织进行调解，也可以直接向人民法院提起诉讼。农村常见的侵权责任类型包括以下4种。

（1）老年人与家庭成员因赡养、扶养或者住房、财产等发生纠纷，有关组织调解时，应当通过说服、疏导等方式化解矛盾和纠纷；对有过错的家庭成员，应当给予批评教育。

人民法院对老年人追索赡养费或者扶养费的申请，可以依法裁定先予执行。

（2）干涉老年人婚姻自由，对老年人负有赡养义务、扶养义务而拒绝赡养、扶养，虐待老年人或者对老年人实施家庭暴力的，由有关单位给予批评教育；构成违反治安管理行为的，依法给予治安管理处罚；构成犯罪的，依法追究刑事责任。

（3）家庭成员盗窃、诈骗、抢夺、侵占、勒索、故意损毁老年人财物，构成违反治安管理行为的，依法给予治安管理处罚；构成犯罪的，依法追究刑事责任。

（4）侮辱、诽谤老年人，构成违反治安管理行为的，依法给予治安管理处罚；构成犯罪的，依法追究刑事责任。

## 第四节　残疾人的权益保障

### 一、残疾人的教育权利

目前，我国15岁及以上残疾人文盲率为43.29%。在6～14岁的学龄残疾儿童中，正在接受义务教育的只有63.19%。为此，法律作出如下规定。

#### 1. 政府的义务

各级政府对接受义务教育的残疾学生、贫困残疾人家庭的学生提供免费教科书，并给予寄宿生活费等费用补助，对接受义务教育以外其他教育的残疾学生、贫困残疾人家庭的学生给予资助。

2. 机构的义务

普通教育机构对具有接受普通教育能力的残疾人实施教育，并为其学习提供便利和帮助。普通小学、初级中等学校，必须招收能适应其学习生活的残疾儿童、少年入学；普通高级中等学校、中等职业学校和高等学校，必须招收符合国家规定的录取要求的残疾考生入学，不得因其残疾而拒绝招收；拒绝招收的，当事人或者其亲属、监护人可以要求有关部门处理，有关部门应当责令该学校招收。普通幼儿教育机构应当接收能适应其生活的残疾幼儿。

**二、残疾人的劳动就业权利**

我国残疾人就业形势严峻，为保障残疾人劳动就业权利，国家实行以下制度。

1. 国家实行按比例安排残疾人就业制度

国家机关、社会团体、企业事业单位、民办非企业单位应当按照规定的比例安排残疾人就业，并为其选择适当的工种和岗位。达不到规定比例的，按照国家有关规定履行保障残疾人就业的义务。

2. 鼓励与扶持

农村基层组织应当组织和扶持农村残疾人从事种植业、养殖业、手工业和其他形式的生产劳动。

国家对安排残疾人就业达到、超过规定比例或者集中安排残疾人就业的用人单位和从事个体经营的残疾人，依法给予税收优惠，并在生产、经营、技术、资金、物资、场地等方面给予扶持。国家对从事个体经营的残疾人，免除行政事业性收费。

对申请从事个体经营的残疾人，有关部门应当优先核发营业执照。

对从事各类生产劳动的农村残疾人，有关部门应当在生产服务、技术指导、农用物资供应、农副产品购销和信贷等方面给予帮助。

**3. 禁止强迫残疾人劳动**

任何单位和个人不得以暴力、威胁或者非法限制人身自由的手段强迫残疾人劳动。

### 三、残疾人的文化权利

国家保障残疾人享有平等参与文化生活的权利。各级人民政府和有关部门鼓励、帮助残疾人参加各种文化、体育、娱乐活动，积极创造条件，丰富残疾人的精神文化生活。

法律规定，政府和社会应采取措施，丰富残疾人的精神文化生活，主要包括以下几方面。

（1）通过广播、电影、电视、报纸、图书、网络等形式，及时宣传报道残疾人的工作、生活等情况，为残疾人服务。

（2）组织和扶持盲文读物、盲人有声读物及其他残疾人读物的编写和出版，根据盲人的实际需要，在公共图书馆设立盲文读物、盲人有声读物图书室。

（3）开办电视手语节目，开办残疾人专题广播栏目，推进电视栏目、影视作品加配字幕、解说。

（4）组织和扶持残疾人开展群众性文化、体育、娱乐活动，举办特殊艺术演出和残疾人体育运动会，参加国际性比赛和交流。

（5）文化、体育、娱乐和其他公共活动场所，要为残疾人提供方便和照顾。要有计划地兴办残疾人活动场所。

### 四、残疾人的社会保障权利

地方各级政府对无劳动能力、无扶养人或者扶养人不具有扶养能力、无生活来源的残疾人，按照规定予以供养。

# 第七章　产品质量的保障和消费者权益的保护

## 第一节　经营者的产品质量法

### 一、产品质量法概述

#### （一）产品质量法的概念

产品质量法是调整在生产、流通和消费过程中的产品质量监督管理关系和产品质量责任关系的法律规范的总称。

《中华人民共和国产品质量法》（以下简称《产品质量法》）于1993年2月23日第七届全国人大常委会第三十次会议通过，1993年9月1日起施行。根据2000年7月8日第九届全国人民代表大会常务委员会第十六次会议《关于修改〈中华人民共和国产品质量法〉的决定》进行了修正。该法共六章五十一条，内容包括：总则，产品质量监督，生产者、销售者的产品质量责任和义务，损害赔偿，罚则，附则。

#### （二）产品质量法的调整对象

产品质量法的调整对象包括产品质量监督管理关系和产品质量责任关系。

#### （三）产品质量法的适用范围

1. 适用的主体

（1）产品质量监督管理部门，包括国务院和县级以上地方人民政府产品质量监督管理部门及与产品质量监督管理工作有关的各级人民政府职能部门。

（2）保护消费者权益的社会组织，包括各级消费者协会、用户委员会等。

（3）用户，指将产品用于集团性消费的企业、事业单位和其他社会组织。

（4）消费者，指将产品用于生活性消费的社会个体成员。

（5）受害者，指因产品存在缺陷而遭受人身、财产损害，从而有权要求获得损害赔偿的人，包括自然人、法人与社会组织。

（6）产品责任主体，即产品责任的承担者。

2. 适用的客体

产品质量法的适用客体即产品。

**（四）产品的含义**

《产品质量法》所称产品是指"经过加工，制作，用于销售的产品。"同时，又规定："建设工程不适用本法规定；但是建设工程使用的建筑材料、建筑物配件和设备，属于前款规定的产品范围的，适用本法。"由此可见，下列物品不适用《产品质量法》：天然物品，农副产品，初级加工品，建筑工程。

产品质量指产品应具有的、符合人们需要的各种特性和特征的总和。产品质量可分为合格与不合格两大类。其中，合格又分为符合国家质量标准、部级质量标准、行业质量标准和企业自订质量标准四类。不合格产品包括：瑕疵、缺陷、劣质、假冒等类产品。

## 二、产品质量的监督管理

**（一）产品质量的监督管理体制**

《产品质量法》规定："国务院产品质量监督管理部门负责

全国产品质量监督管理工作。""县级以下地方人民政府管理产品质量监督工作的部门负责本行政区的产品质量监督管理工作。县级以上地方人民政府有关部门在各自的职权范围内负责产品质量监督管理工作。"这就确立了统一管理与分工管理、层次管理与地域管理相结合的原则。我国所设立的国家质量监督检验检疫总局（简称国家质检总局）是国务院主管全国质量、计量、出入境商品检验、出入境卫生检疫、出入境动植物检疫和认证认可，标准化等工作，并行使行政执法职能的直属机构。

**（二）产品质量监督管理制度**

（1）产品质量检验管理制度。它是指按照特定的标准，对产品质量进行检测，以判明产品是否合格的活动。

（2）标准化管理制度。它包括产品质量标准的制定和产品质量标准的实施。

（3）企业质量体系认证制度。它是指依据国家质量管理和质量保证系列标准，经过认证机构对企业体系进行审核，通过颁发认证证书的形式，证明企业质量保证能力符合相应要求的活动。

**（三）产品质量认证制度**

产品质量认证是指依据产品标准和相应的技术要求，经认证机构确认，并通过颁发认证证书和认证点标志来证明某一产品符合相应标准和技术要求的活动。

**（四）以抽查为主要方式的产品质量监督检查制度**

《产品质量法》规定，国家对产品质量实行以抽查为主要方式的监督检查制度。

**（五）奖惩制度**

《产品质量法》规定，国家鼓励推行达到并超过行业标准、国家标准。对产品质量管理先进和产品质量达到国际先进水平、成绩显著的单位和个人，给予奖励。同时，还对违反产品质量法的单位和个人，规定了民事责任、行政责任和刑事责任。

### 三、产品质量责任

#### （一）生产者的产品质量责任

生产者对其生产产品的内在质量负责，包括：①不存在危及人身、财产安全的不合理的危险，有保障人体健康，人身、财产安全的国家标准、行业标准的应当符合该标准；②具备产品应当具备的使用性能；③符合在产品或其包装上注明采用的产品标准，符合以产品说明、实物样品等方式表明的质量状况。

生产者还要对其产品的外在标识负责，包括：①有产品质量检验合格证明；②有中文标明的产品名称、生产厂名和厂址；③根据产品的特点和使用要求标明产品规格、等级、所含主要成分的名称和含量；④限期使用的产品，标明生产日期和安全使用期或者失效日期；⑤使用不当、容易造成产品本身损坏或者可能危及人身、财产安全的产品，有警示标志或者中文警示说明。

#### （二）销售者的产品质量责任

销售者在从事商业活动时，应当承担的产品质量责任包括：①应当执行进货检查验收制度，验明产品合格证明和其他标识；②应当采取措施，保持销售产品的质量；③不得销售失效、变质的产品；④销售的产品的标识应当符合法律的规定。

此外，产品的生产者、销售者不得生产、销售国家明令淘汰的产品；不得伪造产地，不得伪造或者冒用他人的厂名、厂址；不得伪造或者冒用认证标志、名优标志等质量标志；不得掺杂、掺假，不得以假充真、以次充好，不得以不合格商品冒充合格商品。

## 四、产品质量责任制度

### （一）产品质量的民事责任

产品质量民事责任，是指产品的生产者、销售者因违反产品质量法的规定或合同约定的产品质量民事义务，应当承担的民事法律后果。根据《产品质量法》的规定，产品质量民事责任主要有两种，即产品瑕疵责任和产品缺陷责任。

*1. 产品瑕疵责任*

产品瑕疵是指产品不具备应有的使用性能，不符合明示采用的产品质量标准，或不符合产品说明、实物样品等方式表明的质量状况。

对有上述情形之一的，销售者应承担瑕疵担保责任。具体责任形式为：负责修理、更换、退货，造成损失的，负责赔偿。

销售者在履行"三包"及赔偿责任后，如责任在生产者、供货者，销售者有权向他们追偿。但他们之间如订有购销、加工承揽合同且另有约定的，按合同约定执行。

*2. 产品缺陷责任*

产品缺陷责任即产品责任，是指产品存在缺陷给受害人造成人身伤害或产品以外的财产损失所产生的法律后果。

产品缺陷与产品瑕疵是两个既有联系又有区别的概念，二者的区别主要表现如下。

（1）含义不同。产品瑕疵较产品缺陷的含义更广泛，包括产品的实用性、安全性、可靠性、维修性等各种特征和特性方面的质量问题，而产品缺陷则主要是产品在安全性、可靠性等特性方面存在可能危及人体健康和人身、财产安全的不合理危险。

（2）责任性质不同。产品瑕疵责任是合同责任，产品缺陷责任是特殊的民事侵权责任。

（3）承担责任的条件不同。产品只要有瑕疵，不论是否造成损害后果，都要承担违约责任。而产品仅存在缺陷，尚未造成损失后果的，则不能构成产品缺陷损害责任。

**（二）产品质量的行政责任**

1. 生产者、销售者应当承担行政责任的情形

（1）生产、销售不符合保障人体健康和人身、财产安全的国家标准、行业标准的产品。

（2）在产品中掺杂、掺假，以假充真，以次充好，或者以不合格产品冒充合格产品。

（3）生产国家明令淘汰的产品，销售国家明令淘汰并停止销售的产品。

（4）销售失效、变质的产品。

（5）伪造产品产地的，伪造或者冒用他人厂名、厂址，伪造或者冒用认证标志等质量标志。

（6）产品标识不符合《产品质量法》第二十七条规定，有包装的产品标识不符合《产品质量法》第二十七条第（四）项、第（五）项的规定。

生产者或销售者从事上述行为的，由产品质量监督管理部门责令其改正，并根据情节分别给予以下行政处罚：警告，罚款，没收违法所得，责令停止生产、销售，吊销营业执照。

2. 产品质量检验机构、认证机构承担行政责任的情形

（1）产品质量检验机构、认证机构伪造检验结果或者出具虚假证明的，责令改正，对单位处五万元以上、十万元以下的罚款，对直接负责的主管人员和其他直接责任人员处一万元以上、五万元以下的罚款；有违法所得的，并处没收违法所得；情节严重的，取消其检验资格、认证资格。

（2）产品质量检验机构、认证机构出具的检验结果或者证明不实，造成损失的，应当承担相应的赔偿责任；造成重大损失的，撤销其检验资格、认证资格。

（3）产品质量认证机构违反法律规定，对不符合认证标准而使用认证标志的产品，未依法要求其改正或者取消其使用认证标志资格的，对因产品不符合认证标准给消费者造成损失的，与产品的生产者、销售者承担连带责任；情节严重的，撤销其认证资格。

3. 产品质量监督部门或者其他国家机关承担行政责任的情形

（1）产品质量监督部门在产品质量监督抽查中超过规定的数量索取样品或者向被检查人收取检验费用的，由上级产品质量监督部门或者监察机关责令退还；情节严重的，对直接负责的主管人员和其他直接责任人员依法给予行政处分。

（2）产品质量监督部门或者其他国家机关违反法律规定，向社会推荐生产者的产品或者以监制、监销等方式参与产品经营活动的，由其上级机关或者监察机关责令改正，消除影响，有违法收入的予以没收；情节严重的，对直接负责的主管人员和其他直接责任人员依法给予行政处分。

（3）产品质量监督部门或者工商行政管理部门的工作人员滥用职权、玩忽职守、徇私舞弊，构成犯罪的，依法追究刑事责任；尚不构成犯罪的，依法给予行政处分。

（4）各级人民政府工作人员和其他国家机关工作人员有下列情形之一的，依法给予行政处分：包庇、放纵产品生产、销售中违反本法规定行为的；向从事违反本法规定的生产、销售活动的当事人通风报信，帮助其逃避查处的；阻挠、干预产品质量监督部门或者工商行政管理部门依法对产品生产、销售中违反本法规定的行为进行查处，造成严重后果的。

4. 其他应当承担行政责任的情形

（1）知道或者应当知道属于法律规定禁止生产、销售的产品而为其提供运输、保管、仓储等便利条件的，或者为以假充真的产品提供制假生产技术的，没收全部运输、保管、仓储或者提供制假生产技术的收入，并处违法收入百分之五十以上、三倍以下的罚款。

（2）服务业的经营者将法律规定禁止销售的产品用于经营性服务的，责令停止使用；对知道或者应当知道所使用的产品属于本法规定禁止销售的产品的，按照违法使用的产品（包括已使用和尚未使用的产品）的货值金额，依照本法对销售者的处罚规定处罚。

**（三）产品质量的刑事责任**

1. 生产者、销售者的刑事责任

生产、销售不符合保障人体健康，人身、财产安全的国家标准、行业标准的产品，构成犯罪的；生产者、销售者在产品中掺杂、掺假，以次充好，或者以不合格产品冒充合格产品，构成犯罪的；销售变质、失效的产品，构成犯罪的；以行贿、受贿或者其他非法手段采购以上三种产品及国家明令淘汰的产品，构成犯罪的，依法追究刑事责任。

2. 国家工作人员的刑事责任

从事产品质量监督管理的国家工作人员滥用职权、玩忽职守、徇私舞弊，以及包庇追究产品质量刑事责任的企业单位或个人，使之不受追诉，根据不同情况依照刑法规定追究刑事责任。

3. 其他刑事责任

以使用暴力、威胁方法阻碍从事产品质量监督管理的国家工作人员依法执行职务的，依照刑法有关规定追究刑事责任。

未使用暴力、威胁方法阻碍上述人员执行公务的，按《治安管理处罚条例》的规定处罚。

## 第二节　消费者权益保护法

消费者是指为生活需要而购买、使用商品或者接受服务的单位和个人。消费者权益是指消费者依法享有的权利及应得利益。

消费者权益保护法是国家调整在保护消费者权益过程中发生的经济关系的法律规范的总称。1993 年 10 月 31 日第八届全国人民代表大会常务委员会第四次会议通过了《中华人民共和国消费者权益保护法》（以下简称《消费者权益保护法》）。

### 一、消费者的权利

根据我国《消费者权益保护法》的规定，我国消费者主要享有以下权利：人身、财产的安全权；知悉权；自主选择权；公平交易权；获得赔偿权；结社权；知识获得权；人格尊严、民族风俗习惯维护权；监督权；批评、建议、检举、控告权等。

### 二、经营者应当履行的义务

经营者的义务如下。

（1）向消费者提供商品或服务，履行法定或约定的义务。

（2）听取消费者对其提供的商品或者服务的意见，接受消费者的监督。

（3）保证其提供的商品或服务符合保障人身、财产安全的要求。

（4）向消费者提供有关商品或服务的真实信息，明码标价，不作引人误解的虚假宣传。

（5）标明经营者真实名称和标记。

（6）向消费者出具购货凭证或者服务单据。

（7）保证商品或服务的质量。

（8）履行法定或约定的修理、更换、退货服务和损害赔偿责任。

（9）不得以格式合同、通知、声明、店堂告示等方式作出对消费者不公平、不合理的规定，或者减轻、免除其损害消费者合法权益应当承担的民事责任。

（10）不得对消费者进行侮辱、诽谤，不得搜查消费者的身体及携带的物品，不得侵犯消费者的人身自由。

### 三、消费者权益的保护

（1）国家对消费者权益的保护。国家通过各种方式和有关机关的活动，保护消费者的权益。

（2）消费者组织的保护。消费者协会和其他消费者组织是依法成立的对商品和服务进行社会监督的，保护消费者合法权益的社会团体。

（3）社会监督和舆论监督。保护消费者的合法权益是全社会的共同责任。大众传播媒介应做好维护消费者合法权益的宣传，对损害消费者合法权益的行为进行舆论监督。

### 四、争议的解决

消费者与经营者之间发生消费者权益争议时，可通过下列途径解决：①与经营者协商和解；②请求消费者协会调解；③向有关行政部门（工商行政管理部门，物价管理部门，标准、计量部门等）提出申诉；④根据与经营者达成的仲裁协议提请仲裁机构仲裁；⑤向人民法院提起诉讼。

# 第八章　妥善处理纠纷与理性维权

## 第一节　我国的仲裁和调解制度

### 一、仲裁的概述

#### （一）仲裁的概念、种类

仲裁，是指当事人双方达成书面协议，将争议交由第三方居中裁断，以确定双方权利义务关系，解决纠纷的活动。

我国的仲裁活动包括四方面内容，即经济合同仲裁、劳动争议仲裁、国际贸易仲裁和海事仲裁。为了更好地适应市场经济体制建设的要求和进一步扩大对外开放，我国第八届全国人大常委会于1994年通过了《中华人民共和国仲裁法》（以下简称《仲裁法》），该法于1995年9月1日起施行。

#### （二）仲裁的特点

与诉讼相比较，仲裁具有下列特点。

第一，仲裁机构是民间组织而非官方机构。我国的仲裁机构是加入中国仲裁协会的会员，会员由各地的仲裁委员会组成，是社会团体法人，是仲裁委员会的自律性组织。各地的仲裁委员会独立于行政机关，它们之间以及与行政机关之间无隶属关系。这种仲裁机构的组织形式可与国际仲裁制度接轨。

第二，仲裁的自愿性。仲裁的自愿性表现在以下方面：①双方当事人必须达成书面的协议，自愿选择以仲裁方式解决纠纷，并服从裁决，对于单方提出的仲裁申请，仲裁委员会不予受理；②由双方当事人自愿选择仲裁地的仲裁委员会；③由双方当事人自愿选择仲裁员组成仲裁庭；④对于双方当事人达成了仲裁协议，一方又向法院起诉的，法院不予受理。

第三，秘密性。仲裁一般不公开进行，如果当事人协议公开的，可以公开，但涉及国家秘密的除外。这种制度对于保护商业秘密和当事人其他不愿公开的事项有重要作用。而司法适用和行政适用则一般要公开进行。

第四，效率性。仲裁实行一审终局制，裁决书自作出之日起即发生法律效力，使仲裁案件结案快，效率高。由于仲裁的程序较简便，当事人付出的经费和时间可相应减少，故解决纠纷的成本较低。

第五，国际仲裁还具有国际性的效力。根据1958年联合国通过的《承认及执行外国仲裁裁决公约》（简称《纽约公约》）的规定，在国际商贸及运输、保险等合同中订有仲裁条款的，任何缔约国的法院均不得受理因该合同发生的纠纷案；各缔约国均相互承认和执行仲裁的裁决（我国于1987年加入该公约）。在没有其他国际条约规定的前提下，各国法院的判决不会直接得到相互承认和执行，而仲裁的国际性效力大于法院的判决，在缔约国之间，对国际仲裁则可互相承认和执行。

**（三）仲裁的种类**

（1）国内仲裁与涉外仲裁。国内仲裁所涉及的法律关系的主体、客体和内容中没有外国因素，只涉及国内贸易方面的争议。涉外仲裁中的双方当事人一般一方为本国企业、公司或其他经济组织，而另一方为外国的公司、企业或其他经济组织。

（2）普通仲裁和特殊仲裁。普通仲裁是指由非官方仲裁机构对民事、商事争议所进行的仲裁，包括大多数国家的国内民事商事仲裁和国际贸易与海事仲裁。特殊仲裁是指由官方机构依据行政权力而不是依据仲裁协议所进行仲裁，它是由国家行政机关所实施的仲裁。

（3）临时仲裁和机构仲裁。临时仲裁是指事先不存在常设仲裁机构，当事人根据仲裁协议商定将某一争议提交给某一个或几个人作为仲裁员进行审理和裁决。争议解决之后，仲裁组织不再存在。机构仲裁是指事先存在常设仲裁机构，当事人根据协议将争议提交给它审理和裁决。机构仲裁不但有固定的组织，而且通常是按自己的仲裁规则实施仲裁程序。

**（四）仲裁的范围**

仲裁法明确规定：仲裁适用于平等主体的公民、法人和其他组织之间发生的合同纠纷和其他财产权益纠纷。具体来说，应从以下两个方面来理解：一方面仲裁事项必须是合同纠纷和其他财产性法律关系的争议，非诉讼案件和非财产性纠纷，不能进行仲裁。例如，婚姻、收养、监护、抚养、继承等与人身权有关的案件不能进行仲裁。另一方面仲裁事项必须是平等主体之间发生的且当事人有权处分的财产权益纠纷，由强制性法律规范调整的法律关系的争议不能进行仲裁。因此，依法应当由行政机关处理的行政争议，应排除在仲裁范围之外。

**（五）仲裁协议**

仲裁协议是双方当事人达成的将已发生或可能发生的一定法律关系的争议提交仲裁，并服从裁决的约束的一种契约。仲裁协议是仲裁制度的基石。如果没有仲裁协议，那么严格意义上的仲裁制度是不存在的。

（1）仲裁协议的要件。仲裁协议的要件包括形式要件和实质要件。形式要件就是仲裁协议必须具备书面形式，当事人既可以在合同中订立仲裁条款，也可以在纠纷发生前后，以其他书面形式达成申请仲裁的协议。仲裁协议要写明提交仲裁的事项和选定的仲裁组织的名称，同时还应包括请求仲裁的意思表示。实质要件要求：①当事人必须有缔约能力；②意思表示必须真实；③当事人约定的仲裁事项不得超出法律规定的仲裁范围。

（2）仲裁协议的效力。仲裁协议一经双方当事人签字即合法成立。对于当事人来说，仲裁协议为当事人设定了一定义务，即把争议提交仲裁并不能任意更改、中止或撤销仲裁协议；同时，发生争议时，任何一方只能将争议提交仲裁，而不能向法院起诉。

## 二、仲裁的基本程序

一个完整的仲裁程序应包括如下几个阶段。

### （一）申请与受理

申请仲裁必须符合下列条件：首先，当事人在合同中订立有仲裁条款或事后达成书面仲裁协议；其次，必须有明确的被诉人、具体的仲裁请求、理由；最后，申请仲裁的事项属于法律允许仲裁组织的受理范围。仲裁申请应写明申请者的详细情况、仲裁请求和所根据的事实、理由以及证据和证据来源、证人姓名和住所。仲裁委员会收到仲裁申请书后，经审查，认为符合申请仲裁条件的，应当在 5 日内受理，并通知当事人；认为不符合受理条件的，应当在 5 日内通知当事人不予受理，并说明理由。

### （二）组成仲裁庭

仲裁庭可以由三名仲裁员或者一名仲裁员组成。由三名仲裁员组成的，设首席仲裁员。当事人约定由三名仲裁员组成仲裁庭的，应当各自选定或者各自委托仲裁委员会主任指定一名仲裁员。第三名仲裁员是首席仲裁员，由当事人共同选定或者共同委托仲裁委员会主任指定。仲裁庭组成后，仲裁委员会应当将仲裁庭的组成情况书面通知当事人。

**（三）开庭和裁决**

（1）开庭。仲裁以开庭和不公开为原则。当事人协议不开庭或者协议公开的，依协议的约定。但是对于涉及国家机密的案件，当事人不得以协议约定公开进行。

（2）举证。当事人应当对自己的主张提供证据。仲裁庭认为有必要时，可以自行收集证据。

（3）辩论。当事人有权在仲裁过程中进行辩论。辩论终结时，首席仲裁员或者独任仲裁员应当征得当事人的最后意见，并记入仲裁笔录。

（4）调解。在作出仲裁裁决前，仲裁庭可以根据当事人的申请或者依职权调解。调解达成协议的，应制作调解书或者根据协议的结果制作仲裁决定。调解书经双方当事人签收后，即与裁决书有同等的法律效力。

（5）和解。当事人在申请仲裁后，可以自行和解。达成和解协议的，可以请求仲裁庭根据和解协议作出裁决书，也可以撤回仲裁申请。

（6）裁决。裁决按照多数仲裁员的意见作出，少数仲裁员的不同意见可以记入笔录。仲裁庭不能形成多数意见的，裁决应当按首席仲裁员的意见作出。

**三、调解制度**

调解制度是指经过第三者的排解疏导，说服教育，促使发生纠纷的双方当事人依法自愿达成协议，解决纠纷的一种活动。它已形成了一个调解体系，主要的有以下3种。

**（一）人民调解**

人民调解即民间调解，是人民调解委员会对民间纠纷的调解，属于诉讼外调解。目前规范人民调解工作的法律依据，主要是《宪法》《民事诉讼法》《人民调解委员会组织条例》以及

《人民调解工作若干规定》等法律法规。

**（二）法院调解**

这是人民法院对受理的民事案件、经济纠纷案件和轻微刑事案件进行的调解，是诉讼内调解。对于婚姻案件，诉讼内调解是必经的程序。至于其他民事案件是否进行调解，取决于当事人的自愿，调解不是必经程序。法院调解书与判决书有同等效力。

**（三）行政调解**

行政调解是国家行政机关处理行政纠纷的一种方法。国家行政机关根据法律规定，对属于本机关职权管辖范围内的行政纠纷，通过耐心的说服教育，使纠纷的双方当事人互相谅解，在平等协商的基础上达成一致协议，从而合理地、彻底地解决纠纷矛盾。

行政调解主要包括四类：一是基层人民政府对民事纠纷和轻微刑事案件进行的调解；二是合同管理机关依据《合同法》规定，对合同纠纷进行的调解；三是公安机关依据《治安管理处罚法》和《道路交通安全法》等规定，对部分治安和交通事故案件进行的调解；四是婚姻登记机关依据《婚姻法》规定，对婚姻双方当事人进行的调解。

# 第二节　法律服务

法律服务，是指律师等法律专职人员，运用自己的法律专业知识，依法为当事人提供法律帮助的活动。法律服务的内容是广泛的，提供法律服务的主要力量是律师、公证人员和基层法律服务人员，他们分属不同的法律服务机构。

**一、律师事务所**

律师事务所是司法行政机关依法核准设立的律师执业机构。

律师事务所是从事律师业务的组织，它不以营利为主要目的，依法自主开展业务活动，独自承担法律责任。国家出资设立的律师事务所和律师自愿组合共同参与、财产由合作人共有的合作律师事务所，都以该律师事务所的全部财产对其债务承担责任。由律师依照法律规定和合伙协议，以合伙方式共同出资设立，共同享有财产所有权的合伙律师事务所，合伙人对律师事务所的债务承担无限责任和连带责任。

律师事务所组织律师学习政治，学习法律知识，提高律师的政治与业务素质，组织律师开展业务活动。律师承办业务由律师事务所统一接受委托，与委托人签订书面委托合同，统一收取费用。

**（一）律师事务所的业务范围**

根据律师法的规定，律师的业务范围主要有以下几个方面。

（1）接受公民、法人和其他组织的聘请担任法律顾问。

（2）接受民事案件、行政案件当事人的委托，担任代理人，参加诉讼。

**（二）律师事务所的活动原则**

律师活动的重要原则如下。

（1）以事实为依据，以法律为准绳，严格依法执行职务，维护社会正义。诚实信用、尽职尽责地为当事人提供法律帮助，积极履行法律援助的义务，努力满足当事人的正当要求。

（2）保守在执业活动中知悉的国家秘密、当事人的商业秘密和当事人的隐私。

（3）接受刑事案件犯罪嫌疑人的聘请，为其提供法律咨询，代理申诉、控告，申请取保候审；接受犯罪嫌疑人、被告人的委托或者人民法院的指定，担任辩护人；接受自诉案件自诉人、公诉案件被害人或者近亲属的委托，担任代理人，参加诉讼。

（4）代理各类案件的申诉。

（5）接受当事人的委托，参加调解、仲裁活动。

（6）接受非诉讼法律事务当事人的委托，提供法律服务。

（7）解答有关的法律咨询，代写诉讼文书和有关法律事务的其他文书。

（8）提供法律援助，开展法制宣传。

## 二、公证处

公证是公证机构根据自然人、法人或者其他组织的申请，依照法定程序对民事法律行为、有法律意义的事实和文书的真实性、合法性予以证明的活动。

公证处是国家专门设立的、依法行使国家公证职权、代表国家办理公证事务、进行公证证明活动的司法证明机构。《中华人民共和国公证法》于2005年8月28日第十届全国人民代表大会常务委员会第十七次会议通过，已于2006年3月1日起施行。公证机构是依法设立，不以营利为目的，依法独立行使公证职能、承担民事责任的证明机构。公证机构按照统筹规划、合理布局的原则，可以在县、不设区的市、设区的市、直辖市或者市辖区设立；在设区的市、直辖市可以设立一个或者若干个公证机构。公证机构不按行政区划层层设立。

### （一）公证处设立条件

设立公证机构，应当具备下列条件。

（1）有自己的名称。

（2）有固定的场所。

（3）有两名以上公证员。

（4）有开展公证业务所必需的资金。

设立公证机构，由所在地的司法行政部门报省、自治区、直辖市人民政府司法行政部门按照规定程序批准后，颁发公证机构执业证书。

**（二）公证处的业务范围**

根据自然人、法人或者其他组织的申请，公证机构办理下列公证事项。

（1）合同。

（2）继承。

（3）委托、声明、赠与、遗嘱。

（4）财产分割。

（5）招标投标、拍卖。

（6）婚姻状况、亲属关系、收养关系。

（7）出生、生存、死亡、身份、经历、学历、学位、职务、职称、有无违法犯罪记录。

（8）公司章程。

（9）保全证据。

（10）文书上的签名、印鉴、日期，文书的副本、影印本与原本相符。

（11）自然人、法人或者其他组织自愿申请办理的其他公证事项。

法律、行政法规规定应当公证的事项，有关自然人、法人或者其他组织应当向公证机构申请办理公证。

**三、法律服务所**

法律服务所是基层法律工作者执业的组织。按照基层法律服务所管理办法的规定，设立基层法律服务所必须具备的三个条件是：有规范的名称和章程；有 3 名以上符合司法部规定条件、能够专职从业的基层法律工作者；有固定的执业场所和必要的开办资金。

基层法律服务的业务范围主要有以下 8 个方面：①担任法

律顾问；②代理民事、经济、行政诉讼；③代理非诉讼法律事务；④主持调解纠纷；⑤解答法律咨询；⑥代写法律文书；⑦协助办理公证；⑧有限制地开展见证工作。

与设立律师事务所不同，设立基层法律服务所只能由乡镇人民政府或街道办事处，或县级司法行政机关组建，不能由基层法律工作者自己提出申请。不允许行业主管部门、社团组织、企事业单位发起组建基层法律服务所，更不允许个人以自愿组合的方式发起组建基层法律服务所。

# 第三节　法律援助

法律援助是指政府通过设立的法律援助机构，为经济困难或者特殊案件的当事人减、免费提供法律服务，以保障其合法权益得以实现的法律制度。法律援助是国家的一项司法救济制度，是一项社会公益事业。2003 年国务院颁布了自 2003 年 9 月 1 日起实施的《法律援助条例》。建立和实施法律援助是我国法律制度完善的重要标志。

## 一、法律援助案件的范围

法律援助案件的范围包括：①刑事案件；②请求国家赔偿的诉讼案件；③请求发给抚恤金、救济金的法律事项；④请求给付赡养费、抚育费、抚养费的案件；⑤请求支付劳动报酬的法律事项；⑥盲、聋、哑和其他残疾人、未成年人、老年人追索侵权赔偿的法律事项；⑦除责任事故外，因公受伤请求赔偿的法律事项；⑧主张因见义勇为行为产生民事权益的法律事项；⑨其他确需法律援助的法律事项。

## 二、法律援助的对象

（1）有充分理由证明为保障自己合法权益需要帮助。

（2）确因经济困难，无能力或无完全能力支付法律服务费用（公民经济困难标准由各地参照当地政府部门确定的最低生活保障线标准）。

刑事案件被告人是盲、聋、哑和未成年人而没有委托辩护人的，可能被判处死刑而没有委托辩护人的，应当获得法律援助；刑事案件中外国籍被告人没有委托辩护人，人民法院指定律师辩护的，也可以获得法律援助。

此外，在实践中，获得法律援助的对象，一般应当是住所在本地或者事由发生在本地。

### 三、法律援助的机构

法律援助机构，是指国家有关部门根据国家有关立法或计划设立的，或各社会团体或个人基于自己的社会责任感自发形成的制定和实施法律援助计划的特定的组织形式。

我国 1996 年实施法律援助工程，现已在全国各省、市、自治区和绝大多数县级市建立了法律援助机构，各级法律援助机构具体负责组织、指导、协调本辖区的法律援助工作。律师是提供法律援助的义务人。

### 四、申请法律援助的程序

#### （一）申请法律援助的规定

申请法律援助，应当按照下列规定提出。

（1）请求国家赔偿的，向赔偿义务机关所在地的法律援助机构提出申请。

（2）请求给予社会保险待遇、最低生活保障待遇或者请求发给抚恤金、救济金的，向提供社会保险待遇、最低生活保障待遇或者发给抚恤金、救济金的义务机关所在地的法律援助机构提出申请。

（3）请求给付赡养费、抚养费、扶养费的，向给付赡养费、抚养费、扶养费的义务人住所地的法律援助机构提出申请。

（4）请求支付劳动报酬的，向支付劳动报酬的义务人住所地的法律援助机构提出申请。

（5）主张因见义勇为行为产生的民事权益的，向被请求人住所地的法律援助机构提出申请。

刑事诉讼中申请法律援助的，应当向审理案件的人民法院所在地的法律援助机构提出申请。被羁押的犯罪嫌疑人的申请由看守所在 24 小时内转交法律援助机构，申请法律援助所需提交的有关证件、证明材料由看守所通知申请人的法定代理人或者近亲属协助提供。

申请人为无民事行为能力人或者限制民事行为能力人的，由其法定代理人代为提出申请。无民事行为能力人或者限制民事行为能力人与其法定代理人之间发生诉讼或者因其他利益纠纷需要法律援助的，由与该争议事项无利害关系的其他法定代理人代为提出申请。

**（二）公民申请代理、刑事辩护的法律援助提交的证件、证明材料**

公民申请代理、刑事辩护的法律援助应当提交下列证件、证明材料。

（1）身份证或者其他有效的身份证明，代理申请人还应当提交有代理权的证明。

（2）经济困难的证明。

（3）与所申请法律援助事项有关的案件材料。

申请应当采用书面形式，填写申请表；以书面形式提出申请确有困难的，可以口头申请，由法律援助机构工作人员或者代为转交申请的有关机构工作人员作书面记录。

法律援助机构收到法律援助申请后，应当进行审查；认为申请人提交的证件、证明材料不齐全的，可以要求申请人作出必要的补充或者说明，申请人未按要求作出补充或者说明的，视为撤销申请；认为申请人提交的证件、证明材料需要查证的，由法律援助机构向有关机关、单位查证。

对符合法律援助条件的，法律援助机构应当及时决定提供法律援助；对不符合法律援助条件的，应当书面告知申请人理由。

申请人对法律援助机构作出的不符合法律援助条件的通知有异议的，可以向确定该法律援助机构的司法行政部门提出，司法行政部门应当在收到异议之日起 5 个工作日内进行审查，经审查认为申请人符合法律援助条件的，应当以书面形式责令法律援助机构及时对该申请人提供法律援助。

## 第四节　社会救助关怀特困者

目前，农村部分贫困人口尚未解决温饱问题，需要政府给予必要的救助，以保障其基本生活，并帮助其中有劳动能力的人积极劳动脱贫致富。为了保障公民的基本生活、促进社会公平、维护社会和谐稳定，我国自 2014 年 5 月 1 日起开始施行《社会救助暂行办法》。办法中与农民切身利益相关的主要制度如下。

### 一、农村最低生活保障制度

地方政府为家庭人均纯收入低于当地最低生活保障标准的农村贫困群众，按最低生活保障标准，提供维持其基本生活的物质帮助。

#### （一）农村最低生活保障标准

农村最低生活保障标准由县级以上地方人民政府按照能够维持当地农村居民全年基本生活所必需的吃饭、穿衣、用水、用电等费用确定，并报上一级地方人民政府备案后公布执行。农村最低生活保障标准随着当地生活必需品价格变化和人民生活水平提高适时进行调整。

## （二）农村最低生活保障对象

农村最低生活保障对象是家庭年人均纯收入低于当地最低生活保障标准的农村居民，主要是因病残、年老体弱、丧失劳动能力以及生存条件恶劣等原因造成生活常年困难的农村居民。

## （三）农村最低生活保障管理

建立农村最低生活保障制度，实行地方人民政府负责制，按属地进行管理。从农村实际出发，采取以下简便易行的方法。

### 1. 申请、审核和审批

申请农村最低生活保障，一般由户主本人向户籍所在地的乡（镇）人民政府提出申请；村民委员会受乡（镇）人民政府委托，也可受理申请。受乡（镇）人民政府委托，在村党组织的领导下，村民委员会对申请人开展家庭经济状况调查、组织村民会议或村民代表会议民主评议后提出初步意见，报乡（镇）人民政府；乡（镇）人民政府审核后，报县级人民政府民政部门审批。乡（镇）人民政府和县级人民政府民政部门要核查申请人的家庭收入，了解其家庭财产、劳动力状况和实际生活水平，并结合村民民主评议，提出审核、审批意见。在核算申请人家庭收入时，申请人家庭按国家规定所获得的优待抚恤金、计划生育奖励与扶助金以及教育、见义勇为等方面的奖励性补助，一般不计入家庭收入，具体核算办法由地方人民政府确定。

### 2. 民主公示

村民委员会、乡（镇）人民政府以及县级人民政府民政部门要及时向社会公布有关信息，接受群众监督。公示的内容重点为最低生活保障对象的申请情况和对最低生活保障对象的民主评议意见，审核、审批意见，实际补助水平等情况。对公示没有异议的，要按程序及时落实申请人的最低生活保障待遇；对公示有异议的，要进行调查核实，认真处理。

3. 资金发放

最低生活保障金原则上按照申请人家庭年人均纯收入与保障标准的差额发放，也可以在核查申请人家庭收入的基础上，按照其家庭的困难程度和类别分档发放。

4. 动态管理

乡（镇）人民政府和县级人民政府民政部门要采取多种形式，定期或不定期调查了解农村困难群众的生活状况，及时将符合条件的困难群众纳入保障范围，并根据其家庭经济状况的变化，及时按程序办理停发、减发或增发最低生活保障金的手续。保障对象和补助水平变动情况都要及时向社会公示。

## 二、特困人员供养制度

国家对无劳动能力、无生活来源且无法定赡养、抚养、扶养义务人，或者其法定赡养、抚养、扶养义务人无赡养、抚养、扶养能力的老年人、残疾人以及未满 16 周岁的未成年人，给予特困人员供养。

1. 特困人员供养的内容

（1）提供基本生活条件。

（2）对生活不能自理的给予照料。

（3）提供疾病治疗。

（4）办理丧葬事宜。

2. 如何申请特困人员供养

申请特困人员供养，由本人向户籍所在地的乡（镇）人民政府提出书面申请；本人申请有困难的，可以委托村民委员会代为提出申请。

3. 特困人员可以得到何种方式的供养

特困供养人员可以在当地的供养服务机构集中供养，也可以在家分散供养。特困供养人员可以自行选择供养形式。

### 三、受灾人员的医疗、教育救助

#### (一) 受灾人员的救助

国家建立了自然灾害救助制度，对基本生活受到自然灾害严重影响的人员，提供生活救助。其具体措施如下。

(1) 政府设立自然灾害救助物资储备库，保障自然灾害发生后救助物资的紧急供应。

(2) 自然灾害发生后，政府或其相关机构应当根据情况紧急疏散、转移、安置受灾人员，及时为受灾人员提供必要的食品、饮用水、衣被、取暖、临时住所、医疗防疫等应急救助。

(3) 灾情稳定后，受灾地区县级以上人民政府应当评估、核定并发布自然灾害损失情况。受灾地区人民政府应当在确保安全的前提下，对住房损毁严重的受灾人员进行过渡性安置。

(4) 自然灾害危险消除后，政府民政等部门应当及时核实本地区居民住房恢复重建补助对象，并给予资金、物资等救助。自然灾害发生后，政府应当为因当年冬寒或者次年春荒遇到生活困难的受灾人员提供基本生活救助。

#### (二) 医疗救助

医疗救助的对象包括最低生活保障家庭成员，特困供养人员，县级以上人民政府规定的其他特殊困难人员。

医疗救助采取下列方式。

(1) 对救助对象参加城镇居民基本医疗保险或者新型农村合作医疗的个人缴费部分，给予补贴。

(2) 对救助对象经基本医疗保险、大病保险和其他补充医疗保险支付后，个人及其家庭难以承担的符合规定的基本医疗自负费用，给予补助。

**（三）教育救助**

国家对在义务教育阶段就学的最低生活保障家庭成员、特困供养人员，给予教育救助。对在高中教育（含中等职业教育）、普通高等教育阶段就学的最低生活保障家庭成员、特困供养人员，以及不能入学接受义务教育的残疾儿童，根据实际情况给予适当教育救助。

教育救助根据不同教育阶段的需求，采取减免相关费用、发放助学金、给予生活补助、安排勤工助学等方式实施，保障教育救助对象基本学习、生活需求。

# 第九章　如何打官司

## 第一节　打民事诉讼官司

民事诉讼，是指人民法院在双方当事人和其他诉讼参加人参加下，审理和解决民事案件的活动。它的特点是：①人民法院的审判活动在全过程起着主导作用；②参加诉讼的双方当事人的法律地位是平等的；③审理和解决的是有关财产关系和人身关系的民事案件。

民事诉讼法，是规定人民法院和诉讼参加人在审理民事案件中进行各种诉讼活动所应遵循的程序制度的法律规范的总称。我国于 1982 年 3 月 8 日第五届全国人大常委会第二十二次会议通过颁布了《中华人民共和国民事诉讼法（试行)》，同年 10 月 1 日起试行。经过 9 年的试行，于 1991 年 4 月 9 日第七届全国人大第四次会议通过修改后的《中华人民共和国民事诉讼法》（以下简称《民事诉讼法》），并于同日公布施行。

### 一、民事诉讼的主管与管辖

#### （一）主管

主管是指人民法院与其他国家机关、社会团体之间解决民事纠纷的分工和权限。民事诉讼法是保证民法实施的程序法，所以法律将民事法律关系发生的争议作为法院民事诉讼主管的对象。根据《民法通则》第三条规定，人民法院受理公民之间、法人之间、其他社会组织之间以及它们相互之间因财产关系和人身关系提起的民事诉讼，适用本法的规定。

### （二）管辖

管辖，是指各级人民法院或同级人民法院受理第一审民事纠纷案件的权限分工。主要包括以下几种：级别管辖，是指上下级人民法院之间受理第一审民事案件的分工权限。它解决人民法院内部的纵向分工。我国实行"四级两审"制，共有四级人民法院，每一级人民法院都受理第一审民事案件。地域管辖，是指同级人民法院之间受理第一审民事案件的权限分工，它主要解决法院内部的横向分工问题。地域管辖又分为一般地域管辖和特殊地域管辖。专属管辖，是指法律规定某些特殊类型的案件专门由特定法院管辖。裁定管辖，是指法院以裁定的方式确定诉讼的管辖。民事诉讼法规定的裁定管辖有三种，即移送管辖、指定管辖和管辖权的转移。

## 二、民事诉讼当事人与代理人

### （一）民事诉讼当事人

民事诉讼当事人，是指因民事权利义务发生争议，以自己的名义进行诉讼，要求法院行使民事裁判权的人。狭义上的当事人，仅指原告和被告。广义上的当事人，还包括共同诉讼人、第三人。原告，是指为维护自己或自己所管理的他人的民事权益，而以自己名义向法院起诉，从而引起民事诉讼程序发生的人。被告，是指被原告诉称侵犯原告民事权益或与原告发生民事争议，而由法院通知应诉的人。共同诉讼，是指当事人一方或双方为两人以上的诉讼。原告为两人或两人以上的称共同原告；被告为两人或两人以上的称为共同被告。

共同原告和共同被告都叫做共同诉讼人。民事诉讼的第三人，是指对原告和被告所争议的诉讼标的有独立的请求权，或者虽然没有独立的请求权，但与案件的处理结果有法律上的利害关系，而参加到正在进行的诉讼中去的人。

## （二）诉讼代理人

诉讼代理人，是指根据法律规定或当事人的委托，代当事人进行民事诉讼活动的人。民事诉讼代理人包括法定诉讼代理人、委托诉讼代理人和指定代理人三类。

（1）法定代理人。法定代理人是指依据法律规定直接行使代理权的人。这种代理关系是基于有一定的身份关系或监护关系而发生的，无诉讼能力的人由他的监护人作为法定代理人。

（2）指定代理人。指定代理人是指依据人民法院的指定行使代理权的人。这种代理权根据法院的指定而发生。法定代理人推诿代理责任的由人民法院指定其中一人为代理人。

（3）委托代理人。委托代理人是指依据被代理人的委托行使代理权的人。这种代理关系因被代理人的委托而产生。委托他人代为诉讼，必须向人民法院提交由委托人签名或盖章的授权委托书，记明委托事项及权限。

### 三、民事诉讼中的强制措施

我国民事诉讼法规定了五种强制措施，即拘传、训诫、责令退出法庭、罚款和拘留。

#### （一）拘传的适用

对必须到庭的被告经人民法院两次传票传唤，无正当理由拒不到庭时，才能适用拘传。必须到庭的被告包括：追索赡养费、抚养费、抚育费案件的被告；不到庭无法查明案件事实的被告。此外，如果被告是给国家、集体造成损害的未成年人，其法定代理人无正当理由不到庭，也可以适用拘传。

适用拘传必须经院长批准，签发拘传票。独任审判员或者合议庭只能提出拘传的建议，无权决定拘传。

#### （二）训诫和责令退出法庭的适用

训诫和责令退出法庭是针对轻微扰乱法庭秩序的行为人所

适用的强制措施，独任审判员或者合议庭直接作出口头决定，即可采取。但是，一般应当先适用训诫，经过训诫仍然扰乱法庭秩序，可以责令行为人退出法庭。

**（三）罚款的适用**

根据《民事诉讼法》第一百零四条的规定，对个人的罚款，为人民币 1 000 元以下；对单位的罚款为人民币 1 000 元以上 30 000 元以下。采取罚款措施由院长批准，制作罚款决定书。被罚款人不服，可以申请复议一次。但是，复议期间不影响罚款决定书的效力。

**（四）拘留的适用**

拘留只能针对严重妨害诉讼的行为人适用，拘留的期限为 15 日以下。

适用拘留措施由人民法院院长批准，制作拘留决定书。被拘留人不服，可以申请复议一次；被拘留人提出复议申请后，上级人民法院应当及时复议，如果发现拘留不当，应当及时口头通知解除拘留，然后在 3 日内补作复议决定书。

针对一个行为人的同一个具体妨害民事诉讼秩序的行为，罚款和拘留只能适用一次，不得重复适用；但是，可以并列适用罚款和拘留的强制措施。如对当事人在诉讼过程中恶意变造重要证据的行为，如果人民法院认为该行为已严重妨害了诉讼秩序，可以对该行为人既适用罚款措施，又适用拘留措施。最高人民法院《关于适用〈中华人民共和国民事诉讼法〉若干问题的意见》第一百一十八条规定，罚款、拘留可以单独适用，也可以合并适用。第一百一十九条规定，对同一妨害民事诉讼行为的罚款、拘留不得连续适用。但发生了新的妨害民事诉讼的行为，人民法院可以重新予以罚款、拘留。

### 四、民事诉讼程序

#### (一) 审判程序

人民法院审理民事纠纷案件，除简单的民事纠纷案件外，都适用第一审普通程序。主要包括：起诉与受理、审理前的准备、开庭审理、宣判等。简易程序，是简化了的普通程序，是基层人民法院及其派出法庭审理简单民事案件所运用的一种独立的简便易行的诉讼程序。第二审程序，是指当事人不服第一审裁判，在上诉期内提出上诉，由上一级人民法院对案件进行审理的程序。上诉必须在法定的上诉期限内提出。审判监督程序，即再审程序，是指人民法院发现已经发生法律效力的判决或裁定确有错误，对案件依法重新审理并作出裁判的一种特殊程序。

#### (二) 民事诉讼的特别程序

特别程序是法院对非民事权益冲突案件的审理程序。特别程序的适用范围包括：选民名单案件；宣告失踪人死亡案件；认定公民无行为能力或者限制行为能力的案件；认定财产无主案件。督促程序是指人民法院根据债权人要求债务人给付金钱或者有价证券的申请，向债务人发出有条件的支付命令，若债务人逾期不履行，人民法院可强制执行的程序。督促程序的适用范围包括：在债权债务关系清楚，并要求给付金钱和有价证券的案件；债权人与债务人没有其他债务纠纷；支付令能够送达债务人。公示催告程序是指人民法院根据当事人的申请，以告示的方法，催告利害关系人，在法定期间内申报权利，到期未申报权利，人民法院根据票据持有人的申请可依法宣告该票据无效的程序。企业法人破产还债程序是指人民法院根据债权人或债务人的申请，对因严重亏损，无力清偿到期债务的企业法人，宣告破产，进行清产还债的法律程序。

### （三）执行程序

执行程序是指人民法院根据一方当事人的申请或依职权采取法定措施，强制不履行义务的一方当事人履行已经发生法律效力的民事判决、裁定、调解书及其他法律文书的程序。执行开始有两种情况，一是申请执行，二是移送执行。申请执行是指依据生效法律文书享有权利的一方当事人，在义务人拒绝履行义务时，向人民法院申请强制执行的行为。申请执行必须具备以下条件：申请人必须是生效法律文书中权利一方；申请执行的期限，双方或一方当事人是公民个人的为一年，双方是法人或其他社会组织的为六个月；必须向有管辖权的人民法院递交申请执行书。移送执行是指由案件的审判人员直接将案件交付执行人员执行。移送执行主要适用于以下几类案件：判决、裁定具有给付赡养费、抚养费、抚育费等内容的案件；具有财产给付内容的刑事判决书、裁定书；审判人员认为涉及国家、集体或公民重大利益的案件。

## 第二节　打行政诉讼官司

行政诉讼，是指人民法院根据公民、法人和其他组织的请求，依法审理和解决行政案件的活动。它的特点是：①它由行政管理活动中的被管理者公民、法人或其他组织提起。②被告只能是作出某一具体行政行为的特定的行政机关，而不能是任何行政机关。③它是被管理者认为某一具体行政行为致使其合法权益受到了侵犯而请求司法保护的诉讼。④它以行政机关的某一具体行政行为是否合法为裁判对象。

行政诉讼法，是规定人民法院在当事人及其他诉讼参加人参加下审理行政案件中进行各种诉讼活动所应遵循的程序制度的法律规范总称。我国的《中华人民共和国行政诉讼法》（以下简称《行政诉讼法》），是1989年4月4日第七届全国人大第二次会议通过颁布，于 1990 年 10 月 1 日起施行的。

## 一、行政诉讼的受案范围和管辖

我国行政诉讼的受案范围和管辖是既有联系又有区别的联系概念。受案范围是管辖的前提和基础，管辖是受案范围的具体化和落实。

### （一）行政诉讼的受案范围

行政诉讼的受案范围，是指法律所规定的人民法院所受理的行政案件的范围，或者说是人民法院解决行政争议的范围和权限。我国行政诉讼法规定的人民法院应当予以受理的行政案件有：行政处罚案件；行政强制措施案件；侵犯法律规定的经营自主权案件；行政许可案件；不履行法定职责案件；抚恤金案件；违法要求履行义务案件；其他侵犯人身权、财产权案件；法律、法规规定可以起诉的其他行政案件。人民法院不受理的案件有：国防、外交等国家行为；行政法规、规章或者行政机关制定、发布的具有普遍约束力的决定、命令；行政机关对行政工作人员的奖惩、任免等决定；法律规定由行政机关最终裁决的具体行政行为。

### （二）行政诉讼的管辖

行政诉讼的管辖是指关于不同级别和地方的人民法院之间受理第一审行政案件的权限分工，是涉及行政审判组织体系、公民诉权保护、宪政分权体制等基本问题的重要诉讼法律制度。行政诉讼管辖的种类包括级别管辖、地域管辖和裁定管辖。级别管辖是不同审级的人民法院之间审理第一审行政案件的权限划分。地域管辖是同级人民法院之间受理第一审行政案件的权限分工。行政案件原则上由最初做出具体行政行为的行政机关所在地人民法院管辖。对于经过行政复议的行政案件、限制人身自由强制措施的行政案件以及涉及不动产行政案件的管辖，法律作出了特殊规定。

## 二、行政诉讼参加人

行政诉讼参加人，是指因与引起争议的具体行政行为存在直接利害关系，而参加行政诉讼的整个过程或者主要阶段的人，以及与他们的诉讼地位相类似的人，包括当事人和诉讼代理人。

### （一）原告

行政诉讼原告，是指认为行政机关的具体行政行为侵犯其合法权益，而依法以自己的名义向人民法院起诉的公民、法人或者其他组织。原告的法律特征如下。

（1）认为行政机关的具体行政行为侵犯其合法权益。这既是原告的特征之一，也是对原告资格的规定。

（2）以自己的名义向人民法院起诉。

（3）受人民法院的裁判拘束。

### （二）被告

行政诉讼被告，是指作出原告认为侵犯其合法权益并向人民法院提起诉讼的具体行政行为，而由人民法院通知应诉的行政机关或者法律、法规授权的组织。其具有以下特征。

（1）被告只能是行使行政管理权、作出具体行政行为的行政机关或法律、法规授权的组织。这既是行政诉讼的特征，也是被告的首要特征。

（2）其作出的具体行政行为被原告指控侵害其合法权益。

（3）以自己的名义应诉，并受人民法院裁判拘束。

### （三）共同诉讼人

在通常情况下，一起行政案件中只有一个原告和一个被告。但在特殊情况下，也会发生某些行政案件的原告是两个以上的公民、法人或者其他组织，或者被告是两个以上的行政机关，或者原告、被告双方均为两个以上主体的情况。《行政诉讼法》规定，当事人一方或者双方为二人以上，因同一具体行政行为发生的行政案件，或者因同样的具体行政行为发生的行政案件，人民法院认为可以合并审理的为共同诉讼。共同诉讼案件的当事人即为共同诉讼人。原告一方是两个或者两个以上主体的，称为共同原告；被告一方是两个或者两个以上主体的，称为共同被告。

### （四）第三人

行政诉讼中的第三人，是指与提起诉讼的具体行政行为有利害关系的其他公民、法人或者其他组织以及行政机关。

### （五）诉讼代理人

行政诉讼代理人的种类与民事诉讼代理人相同。实践中需要注意的问题是，复议机关改变原具体行政行为的，复议机关为被告，但复议机关可以委托原裁决机关的工作人员 1~2 人作为诉讼代理人，也可以依法委托其他工作人员或律师作为诉讼代理人。

## 三、行政诉讼程序

### （一）起诉与受理

起诉是指公民、法人或者其他组织认为行政机关的具体行政行为侵犯其合法权益，依法请求人民法院行使国家审判权给予救济的诉讼行为。提起行政诉讼应符合以下条件：原告是认为具体行政行为侵犯其合法权益的公民、法人或者其他组织；有明确的被告；有具体的诉讼请求和事实根据；属于人民法院能受案范围和受诉人民法院管辖。受理是指人民法院对起诉人的起诉进行审查，对符合法定条件的起诉决定立案审理，从而引起诉讼程序开始的职权行为。经过审理，认为起诉缺乏充分理由的，应当裁定不予受理。起诉人对裁定不服的，可以提起上诉。

**（二）行政诉讼的第一审程序**

行政诉讼第一审程序，是指人民法院对行政案件进行初次审理的全部诉讼程序，是行政审判的基础程序，具体包括审理前的准备和庭审。审理前的准备，主要包括组成合议庭、交换诉状、处理管辖异议、审查诉讼文书和调查收集证据、审查其他内容。庭审是受诉人民法院在双方当事人及其他诉讼参与人的参加下，依照法定程序，在法庭上对行政案件进行审理的诉讼活动。根据行政诉讼法的规定，行政诉讼第一审程序必须进行开庭审理。一般的庭审程序分为六个阶段：开庭准备、开庭审理、法庭调查、法庭辩论、合议庭评议、宣读判决。人民法院审理第一审行政案件，应当自立案之日起 3 个月内作出判决。

**（三）行政诉讼的第二审程序**

行政诉讼的第二审程序与民事诉讼的第二审程序相似。二审法院审理上诉行政案件后，根据不同情况，可以作出维持判决和依法改判两种类型的判决和发回重审的裁定。

**（四）审判监督程序**

审判监督程序是人民法院对已经发生法律效力的判决、裁定，发现其违犯法律、法规的规定，依法对案件再次进行审理的程序。它不是必须经过的审理程序，不具有审级的性质。审判监督程序包括再审程序和提审程序。

再审程序是指人民法院为了纠正已经发生法律效力的判决、裁定的错误，依照审判监督程序对案件再次进行审判的活动。再审分为自行再审和指令再审。提审程序是指上级人民法院按照审判监督程序对下级人民法院裁判已经生效的行政案件进行审理的活动。

审判监督案件的审理分别适用第一、第二审程序：只经过第一审程序审结的案件，无论是自行再审或指令再审，仍适用第一审程序，作出的裁判是第一审裁判，当事人不服，可以提出上诉；凡经过第二审程序审结的案件，无论是自行再审或指令再审，只能适用第二审程序，所作裁判为终审判决，当事人不服不得上诉；凡是最高人民法院或上级人民法院按照审判监督程序提审的案件，应按第二审程序进行审理，所作裁判为终审裁判，当事人不得上诉。

**（五）执行程序**

行政案件的执行是指人民法院按照法定程序，对已经生效的法律文书，在负有义务的一方当事人拒不履行义务时，强制其履行义务，保证生效法律文书的内容得到实现的活动。

# 第三节　打刑事诉讼官司

刑事诉讼，是国家司法机关在当事人及其他诉讼参与人的参加下，依法揭露和证实犯罪，确定被告人的行为是否构成犯罪，并依法给犯罪人以应得惩罚的活动。

它的特点是：①刑事诉讼所要解决的中心问题，是被告人的行为是否构成犯罪和应当受到何种刑罚问题。②刑事诉讼是以公诉为主，自诉为辅。③追究和惩罚犯罪是通过国家公安司法机关的侦查、起诉和审判等活动来实现的，执行的是国家刑事审判权。

刑事诉讼法，是规定国家公安司法机关和诉讼参与人进行刑事诉讼所必须遵守的程序制度的法律规范总称。我国的《中华人民共和国刑事诉讼法》（以下简称《刑事诉讼法》），于1979年7月1日第五届全国人大第二次会议通过颁布，并于1980年1月1日起施行。1996年3月17日第八届全国人大第四次会议对该法进行了修正。

## 一、刑事诉讼中的专门机关和诉讼参与人

### （一）刑事诉讼中的专门机关

刑事诉讼中的专门机关主要是指公安机关、人民检察院和人民法院。公安机关在刑事诉讼中的职权有立案权、侦查权、执行权。人民检察院代表国家行使检察权。人民检察院在刑事诉讼中的职权有：侦查权、公诉权、诉讼监督权。人民法院是国家的审判机关，代表国家行使审判权。未经人民法院依法判决，对任何人都不得确定有罪。人民法院是刑事诉讼中唯一有权审理和判决有罪的专门机关。

### （二）刑事诉讼中的诉讼参与人

刑事诉讼参与人是指在刑事诉讼过程中享有一定诉讼权利，承担一定诉讼义务的除国家专门机关工作人员以外的人。根据刑事诉讼法的规定，诉讼参与人包括当事人、法定代理人、诉讼代理人、辩护人、证人、鉴定人和翻译人员。当事人是指与案件事实和诉讼结果有切身利害关系，在诉讼中分别处于控诉或辩护地位的主要诉讼参与人，是主要诉讼主体，包括：被害人、自诉人、犯罪嫌疑人、被告人、附带民事诉讼当事人。其他诉讼参与人，指除当事人以外的诉讼参与人。包括法定代理人、诉讼代理人、辩护人、证人、鉴定人和翻译人员。他们在诉讼中是一般的诉讼主体，具有与其诉讼地位相应的诉讼权利和义务。

## 二、刑事诉讼的管辖、回避、辩护和代理

刑事诉讼的管辖，是指公安机关、检察机关和审判机关等在直接受理刑事案件上的权限划分以及审判机关系统内部在审理第一审刑事案件上的权限划分。刑事诉讼的管辖分立案管辖和审判管辖两大类。立案管辖是指公安机关、人民检察院和人

民法院在直接受理刑事案件上的分工。刑事案件的侦查由公安机关进行，法律另有规定的除外。

人民检察院直接受理的案件包括以下几种：贪污贿赂案件；国家工作人员的渎职犯罪；国家机关工作人员利用职权实施的侵犯公民人身权利和民主权利的犯罪；其他由人民检察院直接受理的案件。人民法院直接受理的案件：自诉案件。自诉案件是被害人及其法定代理人或者近亲属，为追究被告人的刑事责任，而直接向人民法院提起诉讼的案件。审判管辖分为级别管辖、地区管辖和专门管辖。级别管辖是指各级人民法院对第一审刑事案件审判权限上的分工；地区管辖是指同级人民法院之间在审理第一审刑事案件上的分工。《刑事诉讼法》规定，刑事案件由犯罪地人民法院管辖。如果由被告人居住地人民法院审判更为适宜的，可以由被告人居住地人民法院管辖；专门管辖是指各专门法院在审判第一审刑事案件权限上的分工。

我国目前建立的专门法院主要有军事法院、铁路运输法院等，有些专门性的案件由专门法院管辖。

刑事诉讼中的回避是指侦查人员、检察人员、审判人员等对案件有某种利害关系或者其他特殊关系，可能影响案件的公正处理，不得参与办理本案的一项诉讼制度。刑事诉讼中的回避可以分为自行回避、申请回避、指定回避三种。

刑事诉讼中的辩护，是指犯罪嫌疑人、被告人及其辩护人针对指控而进行的论证犯罪嫌疑人、被告人无罪、罪轻、减轻或免除罪责的反驳和辩解，以维护其合法权益的诉讼行为。辩护可以分为自行辩护、委托辩护、指定辩护。自行辩护是指犯罪嫌疑人、被告人自己进行反驳、申辩和辩解的行为。委托辩护是指犯罪嫌疑人或被告人依法委托律师或其他公民协助其进行辩护。指定辩护是指司法机关为被告人指定辩护人以协助其行使辩护权，维护其合法权益。

　　刑事诉讼中的代理，是指代理人接受公诉案件的被害人及其法定代理人或者近亲属、自诉案件的自诉人及其法定代理人、附带民事诉讼的当事人及其法定代理人的委托，以被代理人名义参加诉讼活动，由被代理人承担代理行为法律后果的一项法律制度。

### 三、刑事诉讼证据、强制措施和附带民事诉讼

　　《刑事诉讼法》规定，证明案件真实情况的一切事实，都是证据。刑事证据的种类包括：物证、书证；证人证言；被害人陈述；犯罪嫌疑人、被告人的供述和辩解；鉴定意见；勘验、检查笔录；视听资料。刑事诉讼中的强制措施，是指公安机关、人民检察院和人民法院为保证刑事诉讼的顺利进行，依法对犯罪嫌疑人、被告人的人身自由进行暂时限制或依法剥夺的各种强制性方法。根据我国刑事诉讼法的规定，强制措施有拘传、取保候审、监视居住、拘留和逮捕。刑事附带民事诉讼是指司法机关在刑事诉讼过程中，在解决被告人刑事责任的同时，附带解决因被告人的犯罪行为所造成的物质损失的赔偿问题而进行的诉讼活动。提起附带民事诉讼应具备以下条件：提起附带民事诉讼的原告人、法定代理人符合法定条件；有明确的被告人；有请求赔偿的具体要求和事实根据；被害人的损失是由被告人的犯罪行为所造成的；属于人民法院受理附带民事诉讼的范围。附带民事诉讼，应当在刑事案件立案后，第一审判决宣告之前提起。

### 四、刑事诉讼程序

　　刑事诉讼程序可分为：立案、侦查和提起公诉程序；审判程序、执行程序。审判程序包括第一审程序、第二审程序、死刑复核程序、审判监督程序。公诉案件一般要经过立案、侦查、提起公诉、审判、执行五个阶段。

## (一) 立案

立案是指公安机关、人民检察院和人民法院对报案、控告、举报和犯罪嫌疑人自首的材料进行审查，根据事实和法律，认为有犯罪事实发生并需追究刑事责任时，决定作为刑事案件进行侦查或审判的诉讼活动。

我国的刑事诉讼程序是从立案开始的，立案是诉讼活动的开始和必经程序。根据刑事诉讼法的规定，立案包括三方面的内容：发现立案材料或对立案材料的接受；对立案材料的审查和处理；人民检察院对不立案的监督。立案阶段以上三个方面的内容相互衔接、相互联系，构成了立案程序的完整体系。

立案的条件是指立案的法定理由和根据。《刑事诉讼法》第八十六条规定："人民法院、人民检察院或者公安机关对于报案、控告、举报和自首的材料，应当按照管辖范围，迅速进行审查，认为有犯罪事实需要追究刑事责任的时候，应当立案；认为没有犯罪事实，或者犯罪事实显著轻微，不需要追究刑事责任的时候，不予立案，并且将不立案的原因通知控告人。控告人如果不服，可以申请复议。"根据这一规定，立案应同时具有两个条件：一是有犯罪事实发生；二是依法需要追究刑事责任。

## (二) 侦查

侦查是指公安机关、人民检察院及其他特定的机关在办理刑事案件过程中，依法进行的专门调查工作和有关的强制性措施。在我国，公安机关是行使侦查权的法定专门机关。此外，人民检察院对于贪污贿赂犯罪、渎职犯罪以及非法拘禁、刑讯逼供、报复陷害、非法搜查等侵犯公民人身权利和民主权利的犯罪，行使侦查权；国家安全机关对危害国家安全的案件行使侦查权；军队保卫部门对军队内部发生的刑事案件行使侦查权。

除上述机关以外，任何机关、团体、企事业单位和个人都没有侦查权。

侦查的主要任务是：依照法定程序收集证据材料，查清犯罪事实，查获犯罪嫌疑人，为起诉做好准备。侦查的主要内容和方式有：讯问犯罪嫌疑人；询问证人、被害人；勘验、检查；搜查；扣押物证、书证；鉴定；通缉。侦查机关在认为事实清楚，证据确凿、充分，足以认定是否构成犯罪时，侦查即告终结。

侦查终结后，对于需要移送人民检察院审查起诉的案件，应写出起诉意见书，连同案卷材料、证据一并移送同级人民检察院审查决定。人民检察院对于自行侦查终结的案件，应当作出提起公诉、不起诉或者撤销案件的决定。

**（三）提起公诉**

审查起诉是指人民检察院在公诉阶段，为了确定经侦查终结的刑事案件是否应当提起公诉，而对侦查机关确认的犯罪事实和证据、犯罪性质和罪名进行审查核实，并作出处理决定的一项诉讼活动。我国《刑事诉讼法》第一百三十六条规定："凡需要提起公诉的案件，一律由人民检察院审查决定。"

人民检察院审查案件的时候必须查明：犯罪事实、情节是否清楚，证据是否确实、充分，犯罪性质和罪名认定是否正确；有无遗漏罪行和其他应当追究刑事责任的人；是否属于不应追究刑事责任的；有无附带民事诉讼；侦查活动是否合法。

提起公诉，即人民检察院代表国家依法提请人民法院对被告人进行审判的诉讼活动。我国《刑事诉讼法》第一百四十一条规定："人民检察院认为犯罪嫌疑人的犯罪事实已经查清，证据确实、充分，依法应当追究刑事责任的，应当作出起诉决定，按照审判管辖的规定，向人民法院提起公诉。"据此，提起公诉必须具备三个条件：犯罪事实已查清；证据确实、充分；依法应追究刑事责任。

**（四）审判监督程序**

审判监督程序又称再审程序，是指人民法院对已经生效的判决和裁定，发现其在认定事实和适用法律上确有错误，依法对案件重新审理、纠正错误判决和裁定的一种诉讼程序。审判监督程序不是必经程序，而是一定条件下才采用的特殊程序。

当事人及其法定代理人、近亲属，对已经发生法律效力的判决、裁定，可以向人民法院或者人民检察院提出申诉，其申诉符合《刑事诉讼法》第二百零四条规定的情形之一的，人民法院应当重新审判。各级人民法院院长对本院已经发生法律效力的判决和裁定，如果发现在认定事实或适用法律上确有错误，必须提交审判委员会处理。最高人民法院对各级人民法院已经发生法律效力的判决和裁定，如果发现确有错误，有权提审或者指令下级人民法院再审。人民检察院发现人民法院已经发生法律效力的判决和裁定确有错误，有权按审判监督程序提出抗诉。

人民法院按照审判监督程序重新审判的案件，应当另行组成合议庭进行。如果原来是第一审案件，应当按照第一审程序进行审判，所作的判决、裁定，可以上诉、抗诉；如果原来是第二审案件，或者是上级人民法院提审的案件，应当按照第二审程序进行审判，所作的判决、裁定，是终审的判决、裁定。

**（五）执行**

执行是指法定执行机关将已经发生法律效力的判决和裁定付诸实施的诉讼活动。它是刑事诉讼的最后程序，只有通过执行程序，刑事诉讼法的任务才能最后完成。

死刑判决，由人民法院交付司法警察或武装警察执行。审判人员负责指挥，检察人员临场监督。公安人员负责警戒。对于判处死刑缓期二年执行、无期徒刑、有期徒刑的罪犯，由公安机关依法将该罪犯送交监狱执行。对于被判处拘役、管制、剥夺政治权利的罪犯，以及暂予监外执行的罪犯都由公安机关执行。罚金和没收财产的判决由人民法院执行。

# 下篇　农村法规

# 第十章　农村合作社

## 第一节　农民专业合作社的概念和特征

### 一、概念

农民专业合作社是由农民自愿组成的，以为社员提供某一方面技术或其他方面帮助为宗旨的组织。具体是指在农村家庭承包经营的基础上，同类农产品的生产经营者或者同类农业生产经营服务的提供者、利用者自愿联合、民主管理的互助性经济组织。

### 二、特征

（1）农民专业合作社是社会组织。社会组织有很多种，如社会团体、机关、学校、有限责任公司等，农民专业合作社也是其中的一种。组织和个人是有区别的，最大的区别就在于组织是集体。

（2）农民专业合作社以服务全体成员、谋求全体成员的共同利益为宗旨。农民专业合作社以其成员为主要服务对象，提供农业生产资料的购买，农产品的销售、加工、运输、贮藏以及与农业生产经营有关的技术、信息等专项服务。

（3）农民专业合作社是自治性组织。实行入社自愿、退社自由的原则，成员地位平等，实行民主管理，盈余主要按照成员与农民专业合作社的交易额比例返还。

（4）农民专业合作社具有法人资格。

## 第二节 农民专业合作社的作用

改革开放以来，中央确立了以家庭承包经营为基础，统分结合的双层经营体制，农户因此成为农村的经营主体。以一家一户为单位的土地承包责任制虽然取得了很大成绩，但问题也日益显现，最大的问题就是生产经营规模小、应对自然风险和市场风险的能力弱，农户在生产和经营中遇到了很多困难。因此，组织起来共同面对市场风险成为市场经济体制下分散经营的农民的必然选择。其中，受到农民群众普遍欢迎的一种十分重要的组织形式就是农民专业合作社。近年来，由农民自发组织的农民专业合作社蓬勃发展，成为推动农村经济发展的重要力量。农户加入农民专业合作社后，依靠集体的力量，在市场销售信息和技术帮助等方面会得到很多收益。农民专业合作社提高了农业生产经营和农民进入市场的组织化程度，成为农业产业化经营的重要组织载体。20多年的发展实践证明，农民专业合作社是解决"三农"问题的一个重要途径，它可以提高农民生活质量和农民进入市场的组织化程度，有利于推进农业产业化经营和农业结构调整，也为落实国家对农业的支持保护政策提供了一个新的渠道，成为城乡市场上一个非常活跃的新型经济组织。

## 第三节 设立农民专业合作社应当具备的条件

设立农民专业合作社必须符合法律规定的条件。具体来讲包括以下几个方面。

（1）农民专业合作社最少要有5名以上符合法律规定条件的成员。要想办合作社，至少要有5个人或农户参加，这是对合作社成员人数的最低要求。这里所说的5名以上成员既可以完全由农民个人或农户组成，也可以吸收企业、事业单位和社会团体等单位参加，但法律对吸收单位参加农民专业合作社是有限制的，法律规定的限制条件包括以下几个方面：首先，在所有的成员当中农民至少应当占成员总数的80%；其次，合作社成员总数20人以下的，最多吸收1个企业、事业单位或者社会团体成员；再次，成员总数超过20人的，企业、事业单位和社会团体成员不得超过成员总数的5%。

（2）有符合本法规定的章程。

（3）有符合本法规定的组织机构。

（4）有符合法律、行政法规规定的名称和章程确定的住所。

（5）有符合章程规定的成员出资。法律规定成员是否出资以及出资方式、出资额均由章程规定。

# 第四节　农民专业合作社的设立程序

## 一、召开设立大会

设立农民专业合作社应当召开由全体设立人参加的设立大会。设立时自愿成为该社成员的人为设立人。设立大会行使下列职权：第一，通过本社章程，章程应当由全体设立人一致通过；第二，选举产生理事长、理事、执行监事或者监事会成员；第三，审议其他重大事项。

## 二、办理登记手续

设立农民专业合作社应当向工商行政管理部门申请办理登记手续，并申领营业执照。申请设立登记，应当向工商行政管理部门提交下列文件：登记申请书；全体设立人签名、盖章的设立大会纪要；全体设立人签名、盖章的章程；法定代表人、理事的任职文件及身份证明；出资成员签名、盖章的出资清单；住所使用证明；法律、行政法规规定的其他文件。

登记机关应当自受理登记申请之日起20日内办理完毕，向符合登记条件的申请者颁发营业执照。工商行政管理部门办理登记手续时不得收取任何费用。

## 第五节 农民专业合作社财务制度

财务制度的完善是作为经济组织的农民专业合作社良好运行的前提，也是保护成员利益的基本要求。为此，在《中华人民共和国农民专业合作社法》中设立了财务管理一章。

基于农民专业合作社与其他经济组织相比，在设立条件、财产性质和结构、分配方式等方面有着自己的特点，一般的财务会计制度并不完全适用于农民专业合作社。为此，法律规定，国家专门制定农民专业合作社的财务会计制度，农民专业合作社应当按照国务院财政部门制定的财务会计制度进行核算，这是对农民专业合作社财务会计工作的合法性要求。法律确立了农民专业合作社的财务公开制度，便于成员通过成员大会等方式对本社的年度业务报告、盈余分配方案、亏损处理方案以及财务会计报告等进行监督。农民专业合作社的理事长或者理事会应当按照章程规定，组织编制年度业务报告、盈余分配方案、亏损处理方案以及财务会计报告，于成员大会召开的前 15 日，置备于办公地点，供成员查阅。农民专业合作社与其成员的交易、与利用其提供的服务的非成员的交易，应当分别核算。

由于农民专业合作社在经营中对资金的需求不同，因此，是否提取公积金，由章程规定或者根据成员大会的决议确定，即法律没有强制性的法定公积金要求。如果提取了公积金，应当用于弥补亏损、扩大生产经营或者转为成员出资。同时，公积金应当根据章程规定按年度量化为每个成员的份额。

为了明确界定成员与合作社之间的财产关系，法律要求农民专业合作社应当为每个成员设立成员账户，将该成员对本社的出资，量化为该成员的公积金份额以及该成员与本社的交易量记载在其账户中。设立成员账户的法律意义主要有两个方面：一是作为成员参与本社盈余分配的依据；二是在成员资格终止时返还财产的依据。成员账户主要记载下列内容：该成员的出资额；量化为该成员的公积金份额；该成员与本社的交易量。

## 第六节 农民专业合作社的合并、分立、解散和清算

农民专业合作社的合并、分立、解散和清算既包含财产分割、债务清偿等实体性法律制度，也包含通知、公告等程序性法律制度。这一部分法律制度的核心问题是当法定事由出现或者法定及约定的条件满足时，对合作社的财产及债权债务的妥善处置，以便兼顾成员利益与合作社交易相对人的利益。

### 一、合并与分立

合作社的合并与分立问题，重点是要解决合并与分立后的债权债务的承继主体。

农民专业合作社合并，应当自合并决议作出之日起10日内通知债权人。合并各方的债权、债务应当由合并后存续或者新设的组织承继。农民专业合作社分立，其财产作相应的分割，并应当自分立决议作出之日起10日内通知债权人。分立前的债务由分立后的组织承担连带责任。但是，在分立前与债权人就债务清偿达成的书面协议另有约定的除外。

### 二、解散与清算

基于农民专业合作社的特殊性及其在我国的发展实践，农民专业合作社法对其解散和清算作出了与其他法律不同的规定。

农民专业合作社因下列原因解散：第一，章程规定的解散事由出现；第二，成员大会决议解散；第三，因合并或者分立需要解散；第四，依法被吊销营业执照或者被撤销。除因第三

项原因解散的以外，应当在解散事由出现之日起 15 日内由成员大会推举成员组成清算组，开始解散清算。逾期不能组成清算组的，合作社成员、债权人可以向人民法院申请指定成员组成清算组进行清算，人民法院应当受理该申请，并及时指定成员组成清算组进行清算。清算组自成立之日起接管农民专业合作社，负责处理与清算有关未了结的业务，清理财产和债权、债务，分配清偿债务后的剩余财产，代表农民专业合作社参与诉讼、仲裁或者其他法律程序，并在清算结束时办理注销登记。清算组应当自成立之日起 10 日内通知农民专业合作社成员和债权人，并于 60 日内在报纸上公告。债权人应当自接到通知之日起 30 日内，未接到通知的自公告之日起 45 日内，向清算组申报债权。如果在规定期间内全部成员、债权人均已收到通知，免除清算组的公告义务。债权人申报债权，应当说明债权的有关事项，并提供证明材料。清算组应当对债权进行登记。

在申报债权期间，清算组不得对债权人进行清偿。清算组负责制定包括清偿农民专业合作社员工的工资及社会保险费用，清偿所欠税款和其他各项债务，以及分配剩余财产在内的清算方案，经成员大会通过或者申请人民法院确认后实施。清算组发现农民专业合作社的财产不足以清偿债务的，应当依法向人民法院申请破产。农民专业合作社接受国家财政直接补助形成的财产，在解散、破产清算时，不得作为可分配剩余资产分配给成员，处置办法由国务院规定。清算组成员应当忠于职守，依法履行清算义务，因故意或者重大过失给农民专业合作社成员及债权人造成损失的，应当承担赔偿责任。农民专业合作社破产适用企业破产法的有关规定。但是，破产财产在清偿破产费用和共益债务后，应当优先清偿破产前与农民合作社成员已发生交易但尚未结清的款项。

# 第十一章 农村土地承包法律制度
## 及其纠纷仲裁

## 第一节 农村土地的性质、分类和管理

### 一、农村土地的性质

我国是社会主义国家，实行的是土地的社会主义公有制，即全民所有和劳动群众集体所有制。土地的全民所有是指土地归国家所有，并由国务院行使土地的所有权。《中华人民共和国土地管理法》（以下简称《土地管理法》）第八条规定："城市市区的土地属于国家所有。农村和城市郊区的土地，除由法律规定属于国家所有的以外，属于农民集体所有；宅基地和自留地、自留山，属于农民集体所有。"《土地管理法》第九条还规定："国有土地和农民集体所有的土地，可以依法确定给单位或者个人使用。"因此，我国土地所有权性质分国家土地所有权和集体土地所有权。

### （一）国家所有权

在我国现阶段，社会主义全民所有制采取国家所有制形式，一切国家财产属于以国家为代表的全体人民所有。因此，《民法通则》第七十三条第一款规定：国家财产属于全民所有。由此可见，国家所有权是全民所有制在法律上的表现，是中华人民共和国享有的对国家财产的占有、使用、收益、处分的权利。

国家所有权具有所有权的一般特征，但与其他所有权形式比较，又具有自己的特征，体现为：

第一，在所有权主体方面，国家所有权具有统一性和唯一性的特征。这是指只有代表全体人民的意志和利益的国家才享有国家财产所有权，中华人民共和国是国家所有权的统一的和唯一的主体。这是国家财产所有权的最基本的特征。

国家是国家所有权的统一的和唯一的主体，是由全民所有制的性质决定的。国家财产是社会主义全民所有的财产，其所有权的行使必须根据全国人民的意志和利益，而只有国家才能真正代表人民的意志和利益。同时，由全民所有的财产组成的全民所有制经济是国民经济的主导力量，决定着整个国民经济的发展速度和方向；只有由国家统一行使所有权，国家才能对整个国民经济进行宏观调控，实现组织经济的职能。

第二，国家所有权客体的广泛性。这是指任何财产都可以成为国家所有权的客体，而不受任何限制。国家所有权的客体既包括土地、矿藏、水流、森林、草原、荒地、渔场等自然资源，也包括银行、铁路、航空、公路、港口、海洋运输、邮电通讯、广播电台、企业资产等；既包括军事设施、水库、电站等，还包括文化教育卫生科学事业、体育设施和文化古迹、风景游览区、自然保护区等。根据宪法和法律的规定，有些财产只能作为国家所有权的客体，即国家专有，而不能成为集体组织或者公民个人所有权的客体，如矿藏、水流、邮电通信、军用设施与物资。除此之外，国家还可以根据公共利益的需要，依照法律规定的条件与程序，对于不属于国家所有的财产如土地，实行征用。

应当指出的是，国家所有权客体的广泛性，是指任何财产都可以成为国家所有权的客体，而不是说任何财产都是国家所有权的客体。另外，这种客体的广泛性特征是与集体组织财产所有权和公民个人财产所有权相比较而言的，并不是说集体组织所有的财产、公民个人所有的财产，国家可以任意取得。

## （二）集体所有权

集体所有权又称劳动群众集体组织所有权，是集体组织对其财产享有的占有、使用、收益、处分的权利。集体组织所有权是劳动群众集体所有制在法律上的表现。其享有者主要是农村集体组织，也包括城镇集体企业和合作社集体组织。劳动群众集体所有制是我国社会主义公有制的组成部分。集体组织所有权对集体所有制起着巩固和保护的作用，在我国财产所有权制度中居于重要地位。

## 二、农村土地的分类和管理

《土地管理法》将农村的土地分为农用地、建设用地和未利用地。农用地是指直接用于农业生产的土地，包括耕地、林地、草地、农田水利用地、养殖水域等。建设用地是指建造建筑物、构筑物的土地，包括城乡住宅和公共设施用地、工矿用地、交通水利设施用地、旅游用地、军事设施用地等。未利用地是指农用地和建设用地以外的土地。另外，以土地所有权来划分，我国土地分为国有土地和农村集体所有土地。

### （一）土地所有权

#### 1. 土地所有权的概念

土地所有权系以土地为其标的物，它是土地所有人独占性地支配其所有的土地的权利。土地所有人在法律规定的范围内可以对其所有的土地进行占有、使用、收益、处分，并可排除他人的干涉。

民法通则以及土地管理法等法律确认了土地所有人的独占性支配权。虽然法律没有明确规定其效力范围，但从法律的宗旨及其实践来看，土地所有权的效力范围，在横的方面，是以地界为限，在纵的方面，不仅包括地面，也包括地上及地下。

但是，我国土地所有权的这种及于地上和及于地下的效力，并不是无限制的。这种限制主要有两方面：①内在的限制。土地所有权的客体，以人力所能支配并满足所有人的需要为要件，即是说，土地所有权的支配力，仅限于其行使受到法律保护的利益的范围。对此范围外他人在其地上及地下的干涉，土地所有人不得排除之。例如，地下开凿隧道、地上通航飞机，土地所有人不得请求排除。②法律的限制。法律对土地所有权的限制很多，除了相邻关系的规定外，还有国防、电信、交通、自然资源、环境保护、名胜古迹等方面的限制。

2. 国家土地所有权

宪法、民法通则、土地管理法等法律，对国家土地所有权做了明确规定。《土地管理法》第六条规定：城市市区的土地属于全民所有即国家所有。农村和城市郊区的土地，除法律规定属于国家所有的以外，属于集体所有。

归纳起来，属于国家所有的土地如下。

（1）城市市区的土地。在我国对于城市市区的认识是十分模糊的，这是需要以法律的形式进一步明确的问题。一般来讲，城市市区的土地，是指直辖市、地级市、县级市以及县城所在镇市区的土地。这些土地主要不是农业用地，而是工业、交通、文化、建筑用地及城市居民用地。

（2）农村和城市郊区中已经依法没收、征收、收购为国有的土地。

（3）国家依法征用的土地。

（4）依法不属于集体所有的林地、草原、荒地、滩涂及其他土地。

（5）农村集体经济组织全部成员转为城镇居民的，原属于其成员集体所有的土地。

（6）因国家组织移民、自然灾害等原因，农民成建制地集体迁移后不再使用的原属于迁移农民集体所有的土地。

国有土地虽然由国家享有其所有权,但一般情况下并不由国家直接使用、经营,而是由国务院主管部门主管全国土地的统一管理工作,县级以上地方人民政府土地管理部门统一管理本行政区域内的土地。国有土地,可以依法确定给单位或者个人使用。国有土地也可以由单位或者个人承包经营,从事种植业、林业、畜牧业、渔业生产。《土地管理法》第二条规定,国家依法实行国有土地有偿使用制度。但是,国家在法律规定的范围内划拨国有土地使用权的除外。

3. 集体土地所有权

集体土地所有权是由各个独立的集体组织享有的,对其所有的土地的独占性支配权利。根据《土地管理法》第八条的规定,属于集体所有的土地,是指除法律规定属于国家所有以外的、农村和城市郊区的土地以及宅基地、自留地。

集体土地所有权的主体,即享有土地所有权的集体组织,有以下三类。

(1)村农民集体、村农业生产合作社等农业集体经济组织或者村民委员会具体地对土地进行经营、管理。

(2)如果村范围内的土地已经分别属于村内两个以上农业集体经济组织所有的,可以属于各该农业集体经济组织的农民集体所有。

(3)土地如果已经属于乡(镇)农民集体所有的,可以属于乡(镇)农民集体所有。

**(二)现行农村土地管理政策**

现行农村土地政策的基本内涵是:坚持农村土地农民集体所有,依法维护农民土地承包经营权,稳定土地承包关系并保持长久不变,在坚持和完善最严格的耕地保护制度前提下,赋予农民对承包土地占有、使用、收益、流转及经营权抵押、担保权能。

一是农村土地承包经营权确权登记颁证。农村土地承包经营权确权登记颁证工作，主要是解决承包地块面积不准、四至不清、空间位置不明、登记簿不健全等问题。实现承包面积、承包合同、经营权登记簿、经营权证书"四相符"，承包地分配、承包地四至边界测绘登记、承包合同签订、承包经营权证书发放"四到户"。山东作为全国试点省份，已基本完成农村土地承包经营权确权登记颁证工作。农村土地承包经营权确权登记颁证的基本原则是"三不变，一严禁"，即原有土地承包关系不变、农户承包地块不变、二轮土地承包合同的起止年限不变，严禁借机调整和收回农户承包地。

二是农村土地承包经营权流转政策。2014 年 11 月，中共中央办公厅、国务院办公厅印发了《关于引导农村土地经营权有序流转发展农业适度规模经营的意见》，对农村土地承包经营权流转提出了明确要求，作出了明确规定。

## 第二节　农村土地承包经营制度

### 一、农村土地承包经营制度的内涵

农村土地承包制度的内涵集中体现在《中华人民共和国农村土地承包法》（以下简称《农村土地承包法》）规定中，主要包括 5 个方面：一是农村土地承包的方式。农村土地承包采取农村集体经济组织内部的家庭承包方式，体现公平，平均地权，面向本集体经济组织成员；不适宜采取家庭承包方式的"四荒地"，采取招标、拍卖、公开协商等方式承包，体现效率，能者多劳，面向社会，本集体成员优先。二是承包方和发包方。指出本集体经济组织的农户是集体土地的家庭承包方，明确承包方的权利和义务；其他方式承包，本集体经济组织成员享有优先权。指出集体经济组织或者村民委员会、村民小组是集体土地的发包方，并明确其权利义务。三是土地承包的合同，明确家庭承包合同内容的法定要求。四是土地承包经营权的期限。在家庭承包方式下，耕地为 30 年，草地为 30 年至 50 年，林地为 30 年至 70 年。其他承包方式，由双方协商确定。承包、租赁、拍卖"四荒"使用权，最长不超过 50 年。机动地承包期限不宜过长，《山东省实施〈中华人民共和国农村土地承包法〉办法》规定承包期不得超过 3 年。五是土地承包经营权的权能。土地承包经营权是设立在农村土地所有权上的用益物权，承包方依法对集体所有或者国家所有依法确定给农民集体使用的农村土地享有占有、使用、收益权利。

## 二、农村土地承包权长久不变、确权到户、承每经营

改革开放以来，我国农村土地承包经营制度虽几经变迁，但目标始终在于维持集体所有、均地承包、家庭经营和允许在农民自愿前提下进行土地流转的大格局。以党和国家农村土地承包政策为基础、相关法律为骨干、相关配套法规和部门规章为补充的农村土地承包法律法规政策体系基本健全，农村土地承包经营权登记体系、农村土地承包经营权流转管理体系、农村土地承包经营纠纷调解仲裁体系基本建立，农村土地承包管理的法制化、规范化和制度化建设全面推进。

农村土地承包的方式有两种：家庭承包和其他方式承包。法律规定，农村土地承包发包方应当与承包方签订书面承包合同。

### （一）家庭承包的含义

家庭承包是指农民集体所有和国家所有依法由农民集体使用的耕地、林地、草地以及其他依法用于农业的土地，采取农

村集体经济组织内部的家庭承包方式。

按照规定统一组织承包时，本集体经济组织成员依法平等地行使承包土地的权利，也可以自愿放弃承包土地的权利。家庭承包体现公平，平均地权，面向本集体成员。

家庭承包的承包方是本集体经济组织的农户，进一步说家庭承包不对应家庭的某一个成员。《农村土地承包法》第一条规定："以家庭承包经营为基础"。第三条规定："农村土地承包采取农村集体经济组织内部的家庭承包方式"。我国农村实行的是家庭承包经营的制度，不是个人承包经营。农户家庭是集体经济组织中的土地承包方，农户家庭的户主是土地承包方的代表。农户家庭的户主代表家庭同集体经济组织形成土地承包关系后，每一个家庭成员作为土地承包家庭中的一员可以享受土地承包经营权，但是不能分割土地承包经营权。《农村土地承包法》第二十七条规定："承包期内，发包方不得调整承包地。"在承包期内，不能因为家庭土地承包户中成员的增减变化（婚丧嫁娶、添丁增口等），影响家庭承包户土地承包经营权的确定和承包土地的稳定。同样，也不能因为土地承包家庭中成员的增减变化而调整承包土地的数量。

**（二）家庭承包的法律性质**

家庭承包经营权实行物权保护。土地承包经营权是设立在农村土地所有权上的用益物权。用益物权，是物权的一种，是指非所有人对他人之物所享有的占有、使用、收益的排他性的权利。比如土地承包经营权、建设用地使用权、宅基地使用权、地役权、自然资源使用权（海域使用权、探矿权、采矿权、取水权和使用水域、滩涂从事养殖、捕捞的权利）。故此土地承包期内，发包方不得收回承包地，发包方不得调整承包地。

承包方依法享有耕作权（占有、使用权）、收益权利（产品处置权）、流转权（转包、互换、转让、出租、股份合作、抵押）、征占地补偿权（土地补偿费、人员安置费、青苗及构筑物补偿费）。

### （三）发包方和承包方的权利与义务

1. 发包方的权利

发包方的权利是法定权利，即使在承包合同中未约定，也仍然依法享有这些权利；同时，也不得在承包合同中限制这些权利，如果有限制这些权利的条款，则该条款无效。

（1）发包土地的权利。这是发包方的发包权，是享有其他权利的前提。发包方可以发包的土地有两类：一类是本集体所有的农村土地；另一类是国家所有依法由本集体使用的农村土地。对于第二类土地发包人虽然不是所有人，也享有法律赋予的发包权。

（2）监督承包方依约定合理利用、保护土地。土地是一种宝贵的自然资源，是人类生存和生活的基本生活资料。随着我国人口的增长和经济的发展，有限的土地资源与无限的土地需求的矛盾日益突出。因此，规定发包人有权监督承包人依照承包合同约定的用途合理利用和保护土地。

（3）制止承包方损害承包地和农业资源。土地必须合理利用和保护，而损害土地和农业资源的行为必须予以制止。损害土地和农业资源的行为有许多表现，如在耕地上建房、挖土、挖沙、挖石、采矿，将耕地挖成鱼塘，毁坏森林、草原开垦耕地，将土地沙化、盐渍化，使水土流失和污染土地，围湖造田等。对于承包方的这些行为，发包方都有权力予以制止。

（4）法律、行政法规规定的其他权利。这是一项兜底的规定。有关农村集体经济组织、村民委员会以及村民小组对于土地以及其他相关方面的权利，除本法外，农业法、土地管理法、森林法、草原法等法律以及国务院的行政法规都有涉及，发包人的权利不限于前述的 3 项规定。

2. 发包方的义务

发包方不但享有权利，也要承担义务。发包方的义务是法定义务。发包方必须履行，不得减轻或者放弃，在承包合同中也不得约定减轻或者放弃。如果承包合同中有减轻或者放弃其义务的条款，则该条款无效。

（1）不得非法变更、解除承包合同。国家实行农村土地承包经营制度，这是一项基本国策。法律保护农民的承包经营权，发包方有义务维护承包方的土地承包经营权，不得非法变更、解除承包合同。

（2）不得干涉承包方依法正常进行的生产经营活动。由于发包方享有发包权，也有监督和制止承包方损害承包的土地和农业资源的权利，因此，很容易干涉承包方的经营活动。现实中也经常出现强迫承包土地的农民种植某种作物等情况，规定发包方的这项义务是非常必要的。

（3）为承包方提供必要的服务。我国实行以家庭承包经营为基础、统分结合的双层经营体制，"统"的含义，就是要求集体经济组织要做好为农户提供生产、经营、技术等方面的统一服务。

（4）执行土地利用总体规划，组织农业基础设施建设。县、乡根据上级土地利用总体规划安排区域内的具体的土地利用总体规划。执行这一规划是发包方必须履行的法定义务。农业基础设施建设与土地利用总体规划有关，但又是一个相对独立的问题。农业基础设施建设一般包括农田水利建设，如防洪、防涝、引水、灌溉等设施建设，也包括农产品流通重点设施建设，以及商品粮棉生产基地、用材林生产基地和防护林建设，还包括农业教育、科研、技术推广和气象基础设施等。农业基础设施建设对于农业的发展意义重大，也是"统一经营"的重要内容之一，并且与承包方有密切关系，农村集体经济组织有义务组织本集体经济组织内的农业基础设施建设。

（5）法律、行政法规规定的其他义务。有关农村集体经济组织对于土地以及其他相关方面的义务，除上述规定外，农业法、土地管理法、森林法、草原法等法律以及国务院的行政法规都有涉及，发包人的义务不限于上述规定。

3. 承包方的权利

农村土地家庭承包的承包方是本集体经济组织的农户，也就是说农户是承包主体。农户是农村中以血缘和婚姻关系为基础组成的农村最基层的社会单位。

承包方享有的基本权利是法定权利，即使在承包合同中没有约定，承包方也依法享有这些权利。任何组织和个人侵害承包方权利的，都要依法承担相应的法律责任。

（1）依法使用承包土地（《农村土地承包法》第五条承包权、第十八条行使承包权）的权利，流转土地经营权（《农村土地承包法》第三十二条），自主组织生产和处置产品（《农村土地承包法》第十六条）的权利，地役权［《中华人民共和国物权法》（以下简称《物权法》）第一百五十八条至一百六十九条］，相邻权（《物权法》第八十九条、九十二条）等权利是承包方对所承包土地最基本也是最重要的权利。只有切实保护好承包方的各项合法权益，才能激发农民群众合理利用所承包土地生产经营的积极性。

（2）承包地被征收、征用的补偿权（《农村土地承包法》第十六条）。承包方对承包的土地依法享有在承包期内占用、使用、收益等权利，但这些权利的行使也受到法律的某些限制。我国宪法规定，国家为了公共利益的需要，可以依法对集体所有的土地实行征用。也就是说，在一定条件下，农户承包的集体所有的土地可以被依法征用。征用是国家为了保证社会公共事业或者公益事业的发展，体现全社会的长远利益，将集体所有的土地转化为国有。为了保护承包方的合法权益，不得滥用土地征用权，必须依照法定的条件和程序进行。对此。应注意区别不同行为，依据《土地管理法》和《山东省土地征收管理办法》（山东省人民政府令第 226 号）等妥善处理。

（3）法律、行政法规规定的其他权利。这是一个兜底条款。除了上述权利外，《农村土地承包法》的其他条款和其他法律、行政法规也对承包方的权利做了规定。例如《农村土地承包法》第三十一条规定，承包人应得的承包收益，依照继承法的规定继承。第三十三条第 5 项规定，在同等条件下本集体经济组织成员对流转的土地承包经营权享有优先权。

## 第三节　农村宅基地制度

党的十八届三中全会《决定》指出，保障农户宅基地用益物权，改革完善农村宅基地制度，选择若干试点，慎重稳妥推进农民住房财产权抵押、担保、转让，探索农民增加财产性收入渠道。改革完善农村宅基地制度试点的主要任务：针对农户宅基地取得困难、利用粗放、退出不畅等问题，完善宅基地权益保障和取得方式，探索农民住房保障在不同区域户有所居的多种实现形式；对因历史原因形成超标准占用宅基地和一户多宅等情况，探索实行有偿使用；探索进城落户农民在本集体经济组织内部自愿有偿退出或转让宅基地；改革宅基地审批制度，发挥村民自治组织的民主管理作用。

### 一、宅基地使用权

#### （一）宅基地使用权的概念

宅基地使用权是经依法审批由农村集体经济组织分配给其成员用于建造住宅的没有使用期限限制的集体土地使用权。宅基地使用权具有以下特点。

（1）依法取得农村村民获得宅基地的使用权，必须履行完备的申请手续，经有关部门批准后才能取得。

（2）永久使用拥有宅基地使用权的公民，使用权没有期限，由公民长期使用。可在宅基地上建造房屋、厕所等建筑物，并享有所有权；在房前屋后种植花草、树木，发展庭院经济，并对其收益享有所有权。

（3）随房屋产权转移宅基地的使用权依房屋的合法存在而存在，并随房屋所有权的转移而转移。房屋因继承、赠与、买卖等方式转让时，其使用范围内的宅基地使用权也随之转移。在买卖房屋时，宅基地使用权须经过申请批准后才能随房屋转移。

（4）受法律保护依法取得的宅基地使用权受国家法律保护，任何单位或者个人不得侵犯。否则，宅基地使用权人可以请求侵权人停止侵害、排除妨碍、返还占有、赔偿损失。

**（二）农村宅基地的法律规范**

目前，我国尚没有规范农村宅基地的专门法规，有关宅基地的法律规定，在《土地管理法》《民法通则》《物权法》中均有涉及，各省的《农村宅基地管理办法》在实践中发挥了巨大的作用。为进一步加强农村宅基地管理，正确引导农村村民住宅建设合理、节约使用土地、切实保护耕地，国土资源部于2004年下发了《关于加强农村宅基地管理的意见》。

**二、宅基地的申请**

农村村民一般是在原有的宅基地上拆旧建新或者是申请新的宅基地，独立建造自家的房屋。

**（一）"一户一宅"原则**

"一户一宅"是一户农民只能拥有一处宅基地的简称。我国

《土地管理法》第六十二条规定："农村村民一户只能拥有一处宅基地。"国土资源部《关于加强农村宅基地管理的意见》第5项规定："严格宅基地申请条件。坚决贯彻'一户一宅'的法律规定。农村村民一户只能拥有一处宅基地，面积不得超过省（区、市）规定的标准。各地应结合本地实际，制定统一的农村宅基地面积标准和宅基地申请条件。不符合申请条件的不得批准宅基地。"由此可见，"一户一宅"是我国宅基地制度的一项基本原则。各省都在各自实施《土地管理法》办法中对宅基地的大小做出了限制性规定。

**（二）申请宅基地的条件**

可以申请农村宅基地的人通常情况下只能为农村村民，而且专指本村集体经济组织的成员。具体条件要按照省级以上人民政府的政策规定执行。

**（三）申请宅基地的程序**

村民申请宅基地要依照下列程序办理申请用地手续。

申请宅基地的村民先向所在地村农业集体经济组织或村民委员会提出建房申请。村民大会或者村民委员会对申请进行讨论，在表决通过后，上报乡（镇）人民政府审核或者按规定办理批准手续。政府办理批准手续：占用原有宅基地、村内空闲地等非耕地的一般报乡镇人民政府审核批准；占用耕地的，由乡镇人民政府审核，经县人民政府土地管理部门审查同意，报县人民政府批准。由乡镇土地管理所按村镇规划定点划线，准许施工。房屋竣工后，经有关部门检查验收符合用地要求的，发给集体土地使用证。

在申请宅基地的问题上，有两点需要明确：一是农村村民将原有住房出卖、出租或赠与他人后，不可以再申请宅基地。二是城镇居民不能购买农村宅基地。

### 三、宅基地及宅基地使用权的流转

《宪法》第十条和《土地管理法》第二条都规定，任何组织或者个人不得侵占、买卖或者以其他形式非法转让土地。但是土地的使用权是可以依照法律的规定转让的。农村的土地都归集体所有，分配给村民的宅基地，村民只有使用权，而没有所有权，不准买卖和擅自转让，但随房屋一起转让的除外。宅基地使用权的流转指宅基地使用权人将其享有的宅基地使用权转让给他人使用，受让人支付价款的法律行为。宅基地流转方式有以下几种。

#### （一）交换宅基地使用权

交换宅基地使用权，在法律上即享有宅基地使用权的当事人之间以交换意思表示为特征，将相互享有使用权的宅基地进行交换，双方之间互找差价或者不找差价的合同行为。交换宅基地使用权，根据法律规定，应当在交换后办理宅基地使用权的变更登记手续。

#### （二）转让宅基地使用权

转让宅基地使用权，是指宅基地使用权人将所享有的宅基地使用权转让给他人，由他人支付价款的法律行为。转让宅基地使用权，在原宅基地使用权人与新的受让人之间形成了类似于买卖合同的法律关系，即受让人必须依照合同之约定支付价款，转让人必须依照法律的规定将宅基地使用权交付给受让人。

根据《土地管理法》的规定，土地使用权可以依照法律规定转让，具体转让的程序由国务院规定。由于我国没有制定集体土地使用权转让的法律，所以地方人民政府对这一问题的规定各不相同。有的准许宅基地使用权转让，有的不准许宅基地使用权转让。因此，实践中应该遵守地方规章。

### （三）租赁宅基地使用权

租赁宅基地使用权是指宅基地使用权人将所享有的宅基地使用权以租赁方式提供给他人使用，由承租人支付租金的法律行为。在我国，准许宅基地使用权租赁，也准许宅基地使用权人将建设在宅基地上的房屋以租赁方式提供给他人并收取租金。这里需要注意的是，租赁宅基地使用权，同样必须依照法律规定办理相关的租赁手续；而且租赁宅基地使用权的，未经批准不得改变原宅基地的用途。

### （四）入股方式转让宅基地使用权

以入股的方式转让宅基地使用权，是指宅基地使用权人将享有的宅基地使用权作价入股并获得股息的行为。入股必然导致宅基地使用权的变更，因此被入股的企业在宅基地使用权人入股后，应当依照法律规定及时办理宅基地使用权的变更登记手续。

### （五）赠与

赠与是指宅基地使用权人将享有的宅基地使用权以赠与方式转让给他人，他人无偿取得宅基地使用权的法律行为。宅基地使用权人可以以赠与的方式处分其享有的宅基地使用权。在实践中，以赠与的方式转让宅基地使用权的情况多发生在农村公民的亲属之间。在宅基地使用权的流转方式中，应当注意到，宅基地的使用权是不能抵押的。

根据《物权法》第一百五十五条的规定："已经登记的宅基地使用权转让或者消灭的，应当及时办理变更登记或者注销登记。"

## 第四节　农村土地征收制度

目前国家还没有制定统一的征地法，有关征地的法律规定主要存在于《土地管理法》《中华人民共和国土地管理法实施条例》以及国家部门或省级人民政府规定如《国土资源部关于征用土地公告办法》《山东省土地征收管理办法》等法律法规中。各个地方的规定和具体做法有所不同。下面简要介绍征地工作中可能涉及的一些基本知识。

## 一、土地征收的概念

土地征收是指国家为了社会公共利益的需要，依据法律规定的程序和批准权限，并依法给予农村集体经济组织及农民补偿后，将农民集体所有土地变为国有土地的行为。土地征收指国家依据公共利益的理由，强制取得民事主体土地所有权的行为。我国土地征收的前提是为公共利益。简单说，原来的地是属于村集体的，经过征地手续后，土地就属于国家的了，国家给予相应补偿。听起来像做生意一样，一方交货，一方给钱。其实，征地与交易有根本区别：交易的双方是自愿的，是平等主体之间的民事行为，主体间的权利义务受民事法律规范调整；征地则是一种具体行政行为，主体间存在着非平等的上、下级管理与被管理的关系，双方的权利义务受行政法律或经济法律规范的调整，在征地工作中也许还存在着被征收土地一方不自愿性和征收土地一方的强制性。

我国的土地是实行社会主义公有制，有的土地属于国家所有，有的土地属于集体所有。《土地管理法》规定："城市市区的土地属于国家所有。农村和城市郊区的土地，除由法律规定属于国家所有的以外，属于农民集体所有；宅基地和自留地、自留山，属于农民集体所有。"由于我国的土地存在着"国家所有"和"农民集体所有"两种形态，国家要使用集体所有的土地来搞建设，就必须办理征地手续，把集体所有的土地转为国家所有的土地后才能开发建设。

## 二、征地的基本程序

征地的程序分前后衔接的两大块，分别是征地的批准程序和征地的实施程序。批准程序是行政机关的事情，农村集体和农民不参与其中的工作；实施程序的每个步骤都涉及被征用土地一方当事人的合法权益的保障问题，需要广大农民的积极参与。

### （一）征地的批准程序

征地的批准程序主要分为 5 个步骤：①建设项目符合准入政策。②建设单位向市、县政府地政部门提出建设用地申请。③市、县政府地政部门审查后拟订征用土地等方案，广泛征求被征地农民的意见，达成一致意见后形成正式方案。④依据国家政策制订征地安置补偿方案，并与被征地农民达成一致意见后，经市、县政府同意后逐级上报。⑤征用土地等方案依法由国务院或者省政府批准。

需要指出的是，由于国家实行严格的土地管理制度，征地的批准权在国务院和省级政府，并且，征用的土地之中包含有基本农田的，只有国务院才有权批准。

### （二）征地的实施程序

征地的实施机关是市人民政府和县人民政府，值得注意的是，市辖区政府虽然与县政府同级，但法律规定市辖区政府不能作为征地的实施机关。征地的具体工作由市、县的国土资源局承担。征地的实施程序主要分为六个步骤。

#### 1. 发布征地公告

征地的主要公告有 2 个，一个是征地公告，另一个是征地补偿、安置方案公告。这两个公告都非常重要，为了规范土地征用的公告工作，国土资源部专门制定了《征用土地公告办法》。

征地公告的目的是向被征地单位告知征地的事实与办理补偿登记的机关和期限等重要内容，标志着征地实施工作的开始。如果市、县国土资源部门未依法进行征用土地公告的，被征地方的农村集体经济组织、农村村民或者其他权利人有权依法要求公告，有权拒绝办理征地补偿和安置登记手续（《征用土地公告办法》第十四条之规定）。

（1）征地公告的发布机关。市、县政府。《征用土地公告办法》第四条规定："被征用土地所在地的市、县人民政府应当在收到征用土地方案批准文件之日起 10 个工作日内进行征用土地公告，该市、县人民政府土地行政主管部门负责具体实施。"

（2）征地公告的发布范围。被征用土地所在地的乡(镇)、村。

（3）公告内容。①批准征地机关、批准文号、征用土地用途、范围；②被征用土地的所有权人、位置、地类、面积；③征地补偿标准和农业人员安置办法；④办理征地补偿登记的期限地点等。

（4）发布后果。公告发布后抢栽、抢种的农作物或抢建的建筑物不列入补偿范围。

2. 办理征地补偿登记

（1）登记机关。征地公告指定的政府土地行政管理部门。市国土资源局或者县国土资源管理部门按职能范围履行登记机关之职。

（2）登记申请人。被征用土地的所有权人、使用权人。所有权人是指拥有土地所有权的村民委员会，或者村民小组。使用权人一般指承包土地的人、房屋等建筑物的主人等。

（3）登记期限。征地公告规定的期限。

（4）登记所需材料。土地权属证书、地上附着物产权证明等文件。证明土地所有权、使用权或者房屋所有权等证书，比如 1962 年的"四固定"证、山界林权证、房产证等。

（5）不办理登记的后果。补偿以市、县国土资源局的调查结果为准。可能有的村集体不同意征地，或者征地补偿标准低，因此不愿意办理登记；或者错误认为不办理登记，国家的征地机关就执行不了；或者由于特殊原因没有在公告规定的期限内办理登记，担心得不到补偿。这些想法是错误的、担心是多余的，办不办理登记，都不影响征地的进行，也不影响补偿，只不过补偿的数额以土地部门的调查结果为准。

3. 拟订征地补偿安置方案

（1）拟订机关。市、县政府地政部门会同有关单位实施拟订。

（2）拟订根据。土地登记资料、现场勘测结果、经核对的征地补偿登记情况、法律法规规定的征地补偿标准。

（3）方案内容。①被征用土地的情况。②土地补偿费、安置补助费、青苗补偿费、附着物补偿费等事项。③被征地农民的安置方案。

（4）方案公告。市、县政府地政部门在被征用土地所在地的乡（镇）、村公告方案，听取被征用土地的农村集体经济组织和农民的意见。这是征地过程中的第二个重要的公告，《征用土地公告办法》对此有明确的规定，没有征地补偿、安置方案公告的，被征地方有权拒绝办理征地补偿、安置手续。

（5）听证。根据《国土资源听证规定》，在拟订征地项目的补偿标准和安置方案报批之前，征地部门应当书面告知当事人有要求举行听证的权利。

所谓听证，通俗来讲，就是听取意见，听证会也就是听取意见会。听取意见有多种方式，比如调查、开座谈会、走访等。听证会方式能够从程序上保证公正，听取多方面的意见，不偏袒某一方。在听证会上，申请人提出意见后，由各方代表，也就是利益相关人，对是否同意申请人的意见进行论证，以使决策者科学、合理地做出决定。

征地补偿和安置的听证会，是征地部门听取被征地人对补偿和安置方案的意见，在综合各方面意见后确定征地补偿和安置方案。

（6）报批。由市、县政府地政部门报市、县政府批准。

4. 确定征地补偿安置方案

确定和批准机关：市、县政府（并报省政府地政部门备案）。

在征地的过程中，经常发生村民或者村集体经济组织对政府批准的征地补偿标准有异议。村民或者村集体经济组织对政府部门批准的征地补偿标准有争议，该如何解决？

根据我国的法律规定，村民或者村集体经济组织可以按照下列程序解决：首先，找市政府或县政府进行协商。力争能够协商解决。其次，如果不能通过协商解决的，可以申请批准征用土地的人民政府裁决。这里需要说明的，不是申请批准补偿和安置方案的市、县政府裁决，而是批准征地的政府，即国务院或者自治区政府。最后，如果对裁决不服的，还可以申请行政复议或者提起行政诉讼。

5. 实施征地补偿安置方案

（1）组织实施机关。县级以上政府地政部门。

（2）费用支付。在方案实施之日起 3 个月内支付给被征地的单位和个人；未按规定支付费用的，被征地的单位和个人有权拒交土地。

6. 土地交付

被征地单位和个人应当按规定的期限交付土地。

### 三、征地补偿、安置

#### (一) 征地补偿费用的种类

征地补偿费用包括土地补偿费、安置补助费、地上附着物补偿费、青苗补偿费和其他补偿费。

土地补偿费，是指因国家征收土地对土地所有者在土地上的投入和收益造成损失的补偿。

安置补助费，是指因国家征收农民集体土地后，为了解决以土地为主要生产资料的并取得生活来源的农业人口因失去土地造成的生活困难，而给予的补助费用。

青苗补偿费，是指对征收土地上生长的农作物，如水稻、小麦、玉米、蔬菜等造成损失所给予的补偿费用。

地上附着物补偿费，是指对被征收土地上的各种地上建筑物、构建物，如房屋、水井、道路、管线、水渠等的拆迁和恢复费用以及被征收土地上林木的补偿或者砍伐费用。

其他补偿费，是指除了土地补偿费、安置补助费、青苗补偿费、地上附着物补偿费之外的其他补偿费用，即因征收土地给征地的农民造成的其他方面的损失而支付的费用，如水利设施恢复费用、误工费、搬迁费、基础设施恢复费用等。

#### (二) 征用土地的土地补偿费标准

关于国家征用土地的补偿，《土地管理法》第四十七条规定，征收土地的，按照被征收土地的原用途给予补偿。征收耕地的补偿费用包栝土地补偿费、安置补助费以及地上附着物和青苗的补偿费。征收其他土地的土地补偿费和安置补助费标准，由省、自治区、直辖市参照征收耕地的土地补偿费和安置补助费的标准规定。被征收土地上的附着物和青苗的补偿标准，由省、自治区、直辖市规定。征收城市郊区的菜地，用地单位应当按照国家有关规定缴纳新菜地开发建设基金。

目前，山东省关于国家征用土地的补偿费标准，根据《山东省实施〈中华人民共和国土地管理法〉办法》第二十五条规定，征用土地按下列标准进行补偿。

（1）征用城市规划区范围内的耕地（含园地、鱼塘、藕塘，下同），土地补偿费标准为该耕地被征用前三年平均年产值的八倍至十倍。

（2）征用城市规划区范围外的耕地，土地补偿费标准为该耕地被征用前三年平均年产值的六倍至八倍。

（3）征用林地、牧草地、苇塘、水面等农用地，土地补偿费标准为邻近一般耕地前三年平均年产值的五倍至六倍。

（4）征用乡（镇）、村公共设施或者公益事业、乡镇企业和农村村民住宅占用的集体所有土地，土地补偿费标准为邻近一般耕地前三年平均年产值的五倍至七倍。

（5）征用未利用地，土地补偿费标准为邻近一般耕地前三年平均年产值的三倍。

**（三）征用土地的安置补助费标准**

关于国家征用土地的安置补助费标准，根据《山东省实施〈中华人民共和国土地管理法〉办法》第二十六条规定，征用土地的安置补助费按下列标准执行。

（1）征用耕地，其安置补助费按照需要安置的农业人口数计算。需要安置的农业人口数，按照被征用的耕地数量除以征地前被征用单位平均每人占有耕地的数量计算。每一个需要安置的农业人口的安置补助费标准为该耕地被征用前三年平均年产值的六倍。但是，每公顷被征用耕地的安置补助费最高不得超过被征用前三年平均年产值的十五倍。

（2）征用林地、牧草地、苇塘、水面以及农民集体所有的建设用地，每一个需要安置的农业人口的安置补助费标准为邻近一般耕地前三年平均年产值的四倍。但是，每公顷被征用土地的安置补助费最高不得超过邻近一般耕地前三年平均年产值的十倍。

**（四）被征用土地上的青苗和附着物补偿费规定**

根据《山东省实施〈中华人民共和国土地管理法〉办法》第二十七条规定，被征用土地上的附着物和青苗补偿费按下列标准执行。

（1）青苗补偿费按一季作物的产值计算。

（2）被征用土地上的树木，凡有条件移栽的，应当组织移栽，付给移栽人工费和树苗损失费；不能移栽的，可给予作价补偿。

（3）被征用土地上的建筑物、构筑物等附着物，可按有关规定给予折价补偿，或者给予新建同等数量和质量的附着物。

对在征地期间，突击栽种的树木、青苗和抢建的建筑物、构筑物，不予补偿；在非法占用土地上建设的建筑物和其他设施，不予补偿。

# 第五节　农村土地承包合同纠纷的调解与仲裁

## 一、农村土地承包经营纠纷调解与仲裁概述

**（一）农村土地承包经营纠纷的四种处理方式**

（1）自行和解。对于农村土地承包合同纠纷，双方可以自行和解。

（2）调解。纠纷当事人也可以请求村民委员会、乡（镇）人民政府等调解。

（3）申请仲裁。当事人和解、调解不成或者不愿和解、调解的，可以向农村土地承包仲裁委员会申请仲裁。

（4）诉讼。当事人和解、调解不成或者不愿和解、调解的，除申请仲裁外，也可以直接向人民法院起诉。

**（二）六种农村土地承包经营纠纷可向仲裁委员会申请调解和仲裁**

（1）因订立、履行、变更、解除和终止农村土地承包合同发生的纠纷。

（2）因农村土地承包经营权转包、出租、互换、转让、入股等流转发生的纠纷。

（3）因收回、调整承包地发生的纠纷。

（4）因确认农村土地承包经营权发生的纠纷。

（5）因侵害农村土地承包经营权发生的纠纷。

（6）法律、法规规定的其他农村土地承包经营纠纷。

因征收集体所有的土地及其补偿发生的纠纷，不属于农村土地承包仲裁委员会的受理范围，可以通过行政复议或者诉讼等方式解决。

**（三）调解或仲裁的原则及政府的职责**

调解和仲裁，应当公开、公平、公正，便民高效，根据事实，符合法律，尊重社会公德。

县级以上人民政府应当加强对农村土地承包经营纠纷调解和仲裁工作的指导。县级以上人民政府农村土地承包管理部门及其他有关部门应当依照职责分工，支持有关调解组织和农村土地承包仲裁委员会依法开展工作。

**二、农村土地承包经营纠纷的调解**

经人民调解委员会调解达成的、有民事权利义务内容，并由双方当事人签字或者盖章的调解协议，具有民事合同性质。

既可以由村民委员会或乡（镇）政府进行调解，也可以由土地纠纷仲裁委员会进行调解。针对农民的特点和需要，法律规定，当事人申请农村土地承包经营纠纷调解可以书面申请，也可以口头申请。

调解农村土地承包经营纠纷，村民委员会或者乡（镇）人民政府应当充分听取当事人对事实和理由的陈述，讲解有关法律以及国家政策，耐心疏导，帮助当事人达成协议。经调解达成协议的，村民委员会或者乡（镇）人民政府应当制作调解协议书。调解协议书由双方当事人签名、盖章或者按指印，经调解人员签名并加盖调解组织印章后生效。

仲裁庭对农村土地承包经营纠纷应当进行调解，调解达成协议的，仲裁庭应当制作调解书；调解不成的，应当及时做出裁决。调解书应当写明仲裁请求和当事人协议的结果。调解书由仲裁员签名，加盖农村土地承包仲裁委员会印章，送达双方当事人。调解书经双方当事人签收后，即发生法律效力。在调解书签收前当事人反悔的，仲裁庭应当及时作出裁决。

### 三、农村土地承包经营纠纷的仲裁

经人民调解委员会调解达成的、有民事权利义务内容，并由双方当事人签字或者盖章的调解协议，具有民事合同性质。对于仲裁委员会调解达成协议后制作的发生法律效力的调解书、裁决书，应当依照规定的期限履行。一方当事人逾期不履行的，另一方当事人可以向被申请人住所地或者财产所在地的基层人民法院申请执行。受理申请的人民法院应当依法执行。

如果当事人对农村土地承包仲裁机构的仲裁裁决不服的，可以在收到裁决书之日起 30 日内向人民法院起诉。逾期不起诉的，裁决书即发生法律效力。仲裁生效后再向人民法院起诉将不予受理。

#### （一）仲裁申请

##### 1. 提出申请的方式

农村土地承包经营纠纷的解决有很强的时效性和季节性。为方便群众就地、及时、有效地解决纠纷，并衔接好仲裁与诉讼的关系，法律对仲裁申请和受理的程序予以明确规定："当事人申请仲裁，应当向纠纷涉及的土地所在地的农村土地承包仲裁委员会递交仲裁申请书。仲裁申请书可以邮寄或者委托他人代交。仲裁申请书应当载明申请人和被申请人的基本情况，仲裁请求和所根据的事实、理由，并提供相应的证据和证据来源。"

书面申请确有困难的，可以口头申请，由农村土地承包仲裁委员会记入笔录，经申请人核实后由其签名、盖章或者按指印。

2. 要注意申请仲裁的时效

法律规定仲裁的时效期间为 2 年，自当事人知道或者应当知道其权利被侵害之日起计算。时效的规定是为了督促当事人及时行使自己的权利。

但是根据司法解释规定，农村土地承包仲裁委员会以超过申请仲裁的时效期间为由驳回申请后，当事人就同一纠纷提起诉讼的，人民法院应予受理。这主要是考虑到农村土地承包纠纷中，仲裁非诉讼的前置程序，因此，仲裁时效与诉讼时效的计算应各自独立。诉讼请求是否超过诉讼时效期间，应由法院在受理后的实体审理中做出认定。

超过诉讼时效，当事人自愿履行的，不受诉讼时效限制。因此，在实践中，该类案件起诉到法院后，与审理其他民事案件一样，只有在对方当事人提出已经超过诉讼时效的情况下，法院才依法审查当事人的请求权是否超过诉讼时效期间。

**（二）仲裁须知**

1. 参加仲裁的人员认定

法律规定，农村土地承包经营纠纷仲裁的是申请人与被申请人（当事人）。家庭承包的，可以由农户代表人参加仲裁。当事人一方人数众多的，可以推选代表人参加仲裁。与案件处理结果有利害关系的，可以申请作为第三人参加仲裁，或者由农村土地承包仲裁委员会通知其参加仲裁。当事人、第三人可以委托代理人参加仲裁。

2. 申请财产保全的条件

一方当事人因另一方当事人的行为或者其他原因，可能使裁决不能执行或者难以执行的，可以申请财产保全。

当事人申请财产保全的，农村土地承包仲裁委员会应当将当事人的申请提交被申请人住所地或者财产所在地的基层人民法院。申请有错误的，申请人应当赔偿。

3. 开庭审理土地承包经营纠纷的地点及仲裁员的选择

农村土地承包经营纠纷仲裁应当开庭进行。开庭可以在纠纷涉及的土地所在地的乡（镇）或者村进行，也可以在农村土地承包仲裁委员会所在地进行。当事人双方要求在乡（镇）或者村开庭的，应当在该乡（镇）或者村开庭。

法律规定，仲裁庭依法独立履行职责，不受行政机关、社会团体和个人的干涉。农村土地承包仲裁委员会应当从公道正派的人员中聘任仲裁员。仲裁员应当符合规定的条件。

4. 当事人的权利和义务

（1）可以自行和解。当事人申请仲裁后，可以自行和解。达成和解协议的，可以请求仲裁庭根据和解协议作出裁决书，也可以撤回仲裁申请。仲裁庭作出裁决前，申请人撤回仲裁申请的，除被申请人提出反请求的外，仲裁庭应当终止仲裁。

（2）可以放弃或变更、承认、反驳仲裁请求或提出反请求。申请人可以放弃或者变更仲裁请求；被申请人可以承认或者反驳仲裁请求，有权提出反请求。

（3）可以发表意见。当事人在开庭过程中有权发表意见、陈述事实和理由、提供证据、进行质证和辩论。对不通晓当地通用语言文字的当事人，农村土地承包仲裁委员会应当为其提供翻译。

5. 提出证据

（1）举证责任。当事人应当对自己的主张提供证据。与纠纷有关的证据由发包方等掌握管理的，该发包方应当在仲裁庭指定的期限内提供，逾期不提供的，应当承担不利后果。仲裁庭认为有必要收集的证据，可以自行收集。

（2）质证。证据应当在开庭时出示，但涉及国家秘密、商业秘密和个人隐私的证据不得在公开开庭时出示。仲裁庭应当依照仲裁规则的规定开庭，给予双方当事人平等陈述、辩论的机会，并组织当事人进行质证。经仲裁庭查证属实的证据，应当作为认定事实的根据。

（3）证据保全。在证据可能灭失或者以后难以取得的情况下，当事人可以申请证据保全。当事人申请证据保全的，农村土地承包仲裁委员会应当将当事人的申请提交证据所在地的基层人民法院。

6. 仲裁庭的裁决

（1）先行裁定。对权利义务关系明确的纠纷，经当事人申请，仲裁庭可以先行裁定维持现状、恢复农业生产以及停止取土、占地等行为。一方当事人不履行先行裁定的，另一方当事人可以向人民法院申请执行，但应当提供相应的担保。

（2）裁决。仲裁庭应当根据认定的事实和法律以及国家政策做出裁决并制作裁决书。裁决应当按照多数仲裁员的意见做出，少数仲裁员的不同意见可以记入笔录。仲裁庭不能形成多数意见时，裁决应当按照首席仲裁员的意见做出。

农村土地承包仲裁委员会应当在裁决做出之日起 3 个工作日内将裁决书送达当事人，并告知当事人不服仲裁裁决的起诉权利、期限。

（3）裁决做出的期限。仲裁农村土地承包经营纠纷，应当自受理仲裁申请之日起 60 日内结束；案情复杂需要延长的，经农村土地承包仲裁委员会主任批准可以延长，并书面通知当事人，但延长期限不得超过 30 日。

（4）不服裁决的起诉。当事人不服仲裁裁决的，可以自收到裁决书之日起 30 日内向人民法院起诉。逾期不起诉的裁决书即发生法律效力。

（5）调解书、裁决书的效力。当事人对发生法律效力的调解书、裁决书，应当依照规定的期限履行。一方当事人逾期不履行的，另一方当事人可以向被申请人住所地或者财产所在地的基层人民法院申请执行。受理申请的人民法院应当依法执行。

# 第十二章　农业资源、农业生产资料的法律制度

## 第一节　耕地保护制度

### 一、概述

耕地是指适宜耕作、种植农作物的土地。耕地保护制度是指为保证耕地的永续利用而采取的各种保护措施与建立的相关法律制度。其主要内容：一是对现有耕地加以特殊保护，使其数量不致锐减，使其质量状况不致恶化。其核心是基本农田保护区制度。二是建立土地开发、整理与复垦制度，促使耕地数量逐渐增加，质量性能逐步改善。

### 二、对耕地实行特殊保护的其他制度和措施

①占有耕地补偿制度。非农业建设经批准占用耕地的，依照"占多少、垦多少"的原则，由占用耕地的单位负责开垦与所占耕地的数量和质量相当的耕地；没有条件开垦或者开垦的耕地不符合要求的，应按照省、自治区、直辖市的规定缴纳耕地开垦费，专款用于开垦新的耕地；各省、自治区、直辖市人民政府应制订开垦耕地计划，监督占用耕地的单位按照计划开垦耕地或按照计划组织开垦耕地，并进行验收。②耕地总量不减少制度。各省、自治区、直辖市人民政府应严格执行土地利用总体规划和土地利用年度计划，采取措施，确保本行政区域耕地总量不减少；耕地总量减少的，由国务院责令在规定期限内组织开垦与所减少耕地的数量与质量相当的耕地，并由国务

院土地行政主管部门会同农业行政主管部门验收。个别省、直辖市确因土地后备资源匮乏，新增建设用地后，新开垦耕地的数量不足以补偿所占耕地的数量的，须报经国务院批准减免本行政区域内开垦耕地的数量，进行易地开垦。③保证耕地质量数量措施。④禁止或限制闲置耕地措施。⑤实行耕地占用税措施。

### 三、耕地保养制度

耕地保养制度是关于农业生产经营组织和农民应保养耕地，合理使用化肥农药，增加使用有机肥料，提高地力，防止耕地的污染、破坏和地力衰退及农业行政主管部门加强耕地质量建设的职责的法律制度。其具体内容包括以下几种。

（1）保养耕地、保持和培肥地力是农业生产经营组织和农民的应尽义务和农业行政主管部门的应尽职责。

（2）农业生产经营组织和农民的具体保养义务。一是应遵守国家法律、法规和有关政策，保养耕地，保持和培肥地力，努力做到养分投入产出平衡有余，不能采取只用不养、掠夺地力的经营方式及非法改变耕地的用途；二是合理使用化肥、农药、农用薄膜；三是增加使用有机肥料；四是在保养耕地、提高地力的过程中采用先进的科学技术；五是保护和提高地力。

（3）农业行政主管部门在加强耕地质量建设方面的具体职责。一是支持农民和农业生产经营组织加强耕地质量建设。例如，资讯、技术等方面的支持，以加强耕地质量的建设。二是对耕地质量进行定期监测，及时发现耕地质量是否发生不利方面的变化，同时也可通过定期监测进行经验总结，从总体上实现耕地的合理利用与开发。

# 第二节　水资源保护法律制度

## 一、水的概念及其功能

水即水资源，是指地表水和地下水。水是人和一切动、植物赖以生存的环境条件，是人类社会生活和生产活动所需的物质基础，也是维持人类社会发展的主要能源之一。

## 二、水法的概念

水法是调整关于水的开发、利用、管理、保护、除害过程中所发生的经济关系的法律规范的总称。水法主要有：1984年的《中华人民共和国水污染防治法》；1988年的《中华人民共和国水法》（以下简称《水法》）；1991年的《中华人民共和国水土保持法》，与之相配套，国务院先后发布了《中华人民共和国河道管理条例》《中华人民共和国防汛条例》《中华人民共和国水土保持法实施条例》《中华人民共和国城市供水条例》等法规。

## 三、水法的主要内容

1. 水法的适用范围

根据我国《水法》第二条的规定，适用于地表水和地下水。

2. 水的所有权

水资源属于国家所有，即全民所有。农业集体经济组织所有的水塘、水库中的水，属于集体所有。

3. 水资源合理开发利用措施

（1）对水资源进行综合科学考察和调查评价。全国水资源的综合科学考察和调查评价，由国务院水行政主管部门会同有关部门统一进行。

（2）对水资源开发利用实行统一规划。开发利用水资源，应按流域或者区域进行统一规划。规划分为综合规划和专业规划，其编制程序分别是国家确定的重要江河的流域综合规划，由国务院水行政主管部门会同有关部门和有关省级人民政府编制，报国务院批准。其他江河流域或区域的综合规划，由县级以上地方人民政府水行政主管部门会同有关部门和地区编制，报同级人民政府批准，并报上一级水行政主管部门备案。综合规划应与国土规划相协调，兼顾各地区、各行业的需要。

（3）开发利用水资源应遵循的原则。不损害公共利益和他人利益的原则；利益兼顾与兴利除害相结合的原则；生活用水优先原则；因地制宜原则。

4. 用水管理制度

（1）实行水长期供求计划和水量分配。全国和跨省区域的水长期供求计划，由国务院水行政主管部门会同有关部门制定，报国务院计划主管部门审批；地方的水长期供求计划，由县级以上地方人民政府水行政主管部门会同有关部门，依据上一级人民政府主管部门指定的水长期供求计划和本地区的实际情况制定，报同级人民政府计划主管部门批准。

（2）实行取水许可制度。国家对直接从地下或者江河、湖泊取水的，实行取水许可制度。为家庭生活、畜禽饮用取水和其他少量取水的，不需要申请取水许可。实行取水许可制度的步骤、范围和办法，由国务院规定。

5. 法律责任

对违反《水法》的，应区别情况给予不同的处理，主要是由县级以上地方人民政府水行政主管部门或有关主管部门责令其停止违法行为，限期消除障碍或采取其他补救措施，并处罚款；对有关责任人员由其所在单位或上级主管机关给予行政处分；或按照《中华人民共和国治安管理处罚条例》的规定予以处罚；构成犯罪的，依照中华人民共和国刑法的规定追究刑事责任。

## 第三节　森林资源保护法律制度

### 一、森林资源保护及其立法

1. 概念

森林是指存在于一定区域内的以树木或其他木本植物为主体的植物群落。根据其用途，可分为防护林、用材林、经济林、薪炭林、特种用途林。森林资源则是指一个国家或地区林地面积、树种及木材蓄积量等的总称。

2. 立法

主要包括 1963 年国务院颁布的《中华人民共和国森林保护条例》；1973 年农林部颁布的《中华人民共和国森林采伐更新规程》；1979 年全国人民代表大会常务委员会颁布的《中华人民共和国森林法》（试行）；1984 年全国人大常委会颁布的《中华人民共和国森林法》；1986 年国务院颁布的《中华人民共和国森林法实施细则》；1998 年《关于修改〈中华人民共和国森林法〉的决定》，对 1984 年的《中华人民共和国森林法》进行了较大修改，将原法 42 条增加到 49 条；1987 年颁布的《中华人民共和国森林法采伐更新管理办法》；1988 年颁布的《中华人民共和国森林防火条例》；1989 年颁布的《中华人民共和国森林病虫害防治条例》等。

### 二、立法的主要内容

1. 权属的规定

森林资源除法律规定属于集体所有者外，属于全民所有。法律允许公民个人享有对林木的所有权，对林木所在地的林地的使用权。全民所有和集体所有的森林、林木和林地，个人所有的林木和使用的林地，由县级以上地方人民政府登记造册，核发证书，确认所有权或使用权。森林、林木、林地的所有者和使用者的合法权益，受法律保护，任何单位和个人不得侵犯。全民单位营造的林木，由营造单位经营并按规定支配林木收益。集体单位营造的林木归单位所有。农村居民在房屋前后、自留地自留山地种植的林木，城镇居民和职工在自有房屋的庭院内种植的林木，归个人所有。集体或者个人承包全民所有或集体所有的宜林荒山荒地造林的，承包后种植的林木归承包后的集体或者个人所有，承包合同有规定的按合同规定办理。

2. 保护的法律规定

保护的法律规定包括：

（1）建立护林组织，加强护林责任制。

（2）禁止毁林开荒和毁林采石、采矿、采土及其他毁林活动，禁止在幼林地、特种用途地内砍柴放牧。

（3）加强森林病虫防治和林木种苗检疫。

（4）加强森林防火。

3. 植树造林的法律规定

（1）植树造林，保护森林，是公民应尽的义务。

（2）全国森林覆盖率的奋斗目标是30%，县级以上地方人民政府按照山区、丘陵区和平原区的不同标准，确定本行政区域的奋斗目标。

（3）国家决定3月12日为我国植树节，年满11岁以上的公民要完成法定的义务植树任务。

（4）各级人民政府在植树造林方面的职责主要包括：组织群众植树造林；保护林地和林木；预防森林火灾；防治森林病虫害；制止滥伐、盗伐林木；提高森林覆盖率。

4. 采伐的法律规定

（1）应遵循的原则。一是按照用材林的消耗量要低于林木生产量的原则，全民单位和集体单位都要制定年采伐限额，经省级人民政府审核后，报经国务院批准。二是按照年度木材生产计划不得超过年度林木采伐限额的原则，全民单位经营的森林和林木、集体单位所有的森林和林木以及农村居民自留山的造林，都必须纳入年度木材生产计划。

（2）须遵守的规定。采伐林木须申请采伐许可证；审核发放许可证的部门应严格审查采伐申请，不得超过批准的年采伐限额发放许可证；采伐林木的单位和个人，须贯彻采育结合的方法，限期完成更新造林的任务；林区木材经营严格执行国务院的有关规定，从林区运出的木材，须持有林业主管部门发给的运输证件。

5. 法律责任

（1）对于盗伐、滥伐森林或者其他林木，情节轻微的；伪造或倒卖林木许可证、木材运输证件的；开伐木材的单位和个人，没有按照规定完成更新造林任务，情节严重的；进行开垦、采矿、采土、采种、采脂、砍柴及其他活动，致使森林、林木受到破坏的，可分别处以或并处责令赔偿损失、补种树木、没收违法所得、罚款。

（2）对于盗伐、滥伐林木情节严重的；盗伐林木据为己有，数额巨大的；超越批准的年采伐限额发放林木许可证，情节严重，致使森林严重破坏的；伪造或倒卖林木采伐许可证，情节严重的，可依照刑法的有关规定，追究行为人或直接责任人员的刑事责任。

# 第四节　草原资源保护法律制度

## 一、《中华人民共和国草原法》的调整范围

《中华人民共和国草原法》（以下简称《草原法》）第二条第一款规定："在中华人民共和国领域内从事草原规划、保护、建设、利用和管理活动，适用本法。"可见，《草原法》所调整的草原活动，不仅仅是草原的利用和管理的环节，还包括与草原的利用和管理密切相关的其他环节。对原进行规划，能够从长远利益角度来对草原利用进行考察，以便从有利于草原可持续发展的立场来制订宏观目标和具体利用政策。草原的保护是草原利用的前提，只有对现有草原资源进行有效的保护，草原资源才有持续发展和利用的可能性。草原的保护和利用，都离不开草原建设。草原作为一种自然资源，具有其特有的发展规律和对环境的特定要求；同时，我国草原长期的过度利用给草原的发展带来了很大的破坏，这都要求加强草原建设。从我国草原资源的现状来看，我国90%的可利用天然草原不同程度地退化，这种退化每年还以200万公顷的速度递增；草原过牧的趋势没有根本改变，乱采滥挖等破坏草原的现象时有发生，草原荒漠化面积不断增加。草原生态环境持续恶化，不仅制约着草原畜牧业的发展，影响农牧民收入增加，而且直接威胁到国家生态安全，因此，草原保护与建设亟待加强。草原的利用是草原规划、保护和建设的主要目的之一，草原的有效利用，不但可以推进我国畜牧业的极大发展，而且对于牧区人民的生活也将发挥巨大的作用。但是，应当强调的是，草原的利用必须是合理和可持续的利用，在利用的过程中应当充分考虑草原与其他生态环境之间的平衡；同时，还应当努力谋求将来的持续利用，而不是只追求短期效应，进行毁灭性的一次性利用。草

原的规划、保护、建设和利用都应当在法律、政策允许的范围内进行，这就要求加强对草原的管理。草原管理不仅仅是法律赋予草原行政主管部门的权力，更是相关机关应当承担的职责。只有强化对草原的管理，及时处理有关的纠纷，制止破坏草原的行为，草原才能真正实现可持续发展。

《草原法》除了对其调整的草原活动进行明确以外，还对草原的范围进行了界定，其第二条第二款规定："本法所称草原，是指天然草原和人工草地。"天然草原是指一种土地类型，它是草本和木本饲用植物与其所着生的土地构成的具有多种功能的自然综合体。人工草地是指选择适宜的草种，通过人工措施而建植或改良的草地。天然草原和人工草地在自然性状等方面具有一定的区别，需要以不同的方式加以对待，因此，对于天然草原和人工草地，《草原法》在具体的利用和保护模式上，有不同的制度安排。下文我们将进行详细说明。

## 二、草原权属

### （一）草原的所有制度和使用制度

《草原法》第九条至第十二条是关于草原所有和使用制度的规定。按照《草原法》第九条的规定，草原的权属有三种形式。一是国家所有权。《宪法》第九条明确规定："矿藏、水流、森林、山岭、草原、荒地、滩涂等自然资源，都属于国家所有，即全民所有；由法律规定属于集体所有的森林和山岭、草原、荒地、滩涂除外。"因此，《草原法》第九条第一款规定："草原属于国家所有，由法律规定属于集体所有的除外。国家所有的草原，由国务院代表国家行使所有权。"二是集体所有权。按照《宪法》第九条的规定，法律规定属于集体所有的草原，属于集体所有。因此，草原可以由集体依照法律规定享有所有权。三是全民所有制单位、集体经济组织等对于草原的使用权。《草原法》第十条规定："国家所有的草原，可以依法确定给全民所有制单位、集体经济组织等使用。"按照《草原法》第十一条第一款的规定：国家所有依法确定给全民所有制单位、集体经济组织等使用的草原，必须由县级以上人民政府登记，发放使用权证后，才能确认草原使用权。集体所有的草原，由县级人民政府登记，核发所有权证，确认草原所有权。如果没有经过人民政府的登记确认，不能依法享有所有权或者使用权，其权益也就得不到法律的有效保护。而国家所有未确定使用权的草原，也应当由县级以上人民政府登记造册，并由其负责保护管理。另外，《草原法》第九条第二款、第十二条以及"法律责任"一章中的相关条款还对草原的所有、使用权的保护进行了规定。可见，为了保护草原所有者和使用者的合法权益，法律提供了多种行政的和司法的救助手段。

**（二）草原承包**

《草原法》第十三条、十四条、十五条是关于草原家庭承包经营或者联户承包经营的规定。家庭承包经营制度，是我国农村的一项基本制度，也是党在牧区的基本政策。通过草原家庭承包，明确草原建设与保护的责、权、利，将人、畜、草基本生产要素统一于家庭经营之中，完全符合牧区社会经济发展水平，可以有效地调动广大牧民发展牧业生产、保护和建设草原的积极性，使草原保护建设与广大牧民的切身利益直接联系起来，是保护草原生产力的"长效定心丸"。草原家庭承包是我国农村土地家庭承包经营的一种表现形式，与耕地承包的差别仅在于草原承包的对象是草原，因此，《农村土地承包法》所确立的有关土地承包制度适用于草原承包。根据《草原法》的规定，草原可以实施家庭承包经营，也可以是联户承包经营。

关于草原承包，《草原法》的规定主要侧重在三方面。首先，承包草地在承包期不得调整，个别需要调整的情况，必须经过法定的程序，并且，非家庭承包方式的进行，也需要通过法定的程序。其次，草原承包应当签订书面承包合同，并在合同中明确相关的权利和义务。最后，草原承包经营权流转及其限制。草原承包经营权同样可以流转，但这种流转受到原来签订的承包合同中的草原用途和承包期限等内容的限制。

### （三）草原争议的解决

《草原法》第十六条规定："草原所有权、使用权的争议，由当事人协商解决；协商不成的，由有关人民政府处理。单位之间的争议，由县级以上人民政府处理；个人之间、个人与单位之间的争议，由乡（镇）人民政府或者县级以上人民政府处理。当事人对有关人民政府的处理决定不服的，可以依法向人民法院起诉。在草原权属争议解决前，任何一方不得改变草原利用现状，不得破坏草原和草原上的设施。"这是关于草原争议处理的主要规定。具体而言，草原争议的处理主要有两种方式，即政府处理程序和诉讼处理程序。根据《草原法》第十一条的规定，国家所有依法确定给全民所有制单位、集体经济组织等使用的草原和集体所有的草原，应当由县级以上地方人民政府登记造册，发放证书，确认所有权和使用权。因此，行使确权职能的有关各级人民政府应当是处理草原所有权和使用权争议的机关。考虑到一些草原经营者的特殊情况，如中央、省直属国有草原，以及一些经营者经营的草原面积跨行政区域等情况，对各级人民政府受理草原争议案件的范围，也应有所区别。根据《草原法》第十六条的规定，单位之间的草原争议，应由县级以上人民政府依法处理；个人之间、个人与单位之间发生的草原争议，应由当地县级或者乡级人民政府依法处理。当事人对有关人民政府作出的处理决定不服的，可以在接到通知之日起1个月内，向人民法院起诉，由法院作出最终的裁决。应当说明的是，《草原法》关于草原争议的处理，规定了由有关各级政府处理，即各级政府是处理草原争议的法定机关，由各级人民政府对草原争议作出处理决定是解决草原所有权和使用权争议的法定的必经程序，只有当事人对人民政府作出的处理决定不服，当事人才可向有关人民法院提出诉讼，由法院对人民政府作出的处理决定作出裁决。因此，有关当事人对其草原争议既不能协议选择人民法院直接处理，也不能由其任何一方直接向人民法院提起诉讼，而另一方申请有关政府作出处理。草原争议当事人一方或者双方因不服政府作出的处理决定而向人民法院提起诉讼，人民法院对这类案件的受理和审理应当适用《行政诉讼法》的规定。根据《最高人民法院关于贯彻执行〈中华人民共和国行政诉讼法〉若干问题的意见（试行）》的规定，公民、法人或者其他组织对人民政府或者其主管部门有关土地、矿产、森林等资源的所有权或者使用权归属的处理决定不服，依法向人民法院起诉的，人民法院应作为行政案件受理。

## 第五节　渔业资源保护法律制度

### 一、渔业资源保护及其立法

1. 概念

渔业资源是指水域中可作为渔业生产经营的对象，及具有科学研究价值的水生生物的总称。主要有鱼类、虾蟹类、贝类、海藻类、淡水食用水生植物类以及其他类六大类。

2. 立法

包括 1986 年的《中华人民共和国渔业法》、1987 年的《中华人民共和国渔业法实施细则》、1988 年的《中华人民共和国渔业资源政治保护费缴收使用办法》、1993 年的《中华人民共和国水生野生动物保护实施条例》及《中华人民共和国渔业水质标准》。

## 二、立法的主要内容

1. 立法目的

（1）加强渔业资源保护、增殖、开发和利用。

（2）发展人工养殖。

（3）保障渔业生产者的合法权益。

（4）促进渔业生产发展，以满足人民生活日益增长的需要。

2. 基本方针

实行以养殖为主，养殖、捕捞、加工并举，因地制宜，各有侧重的方针。

3. 养殖业和捕捞业

（1）养殖业方针。鼓励全民所有制单位、集体所有制单位和个人充分利用适于养殖的水面、滩涂发展养殖业。捕捞业方针：国家鼓励、扶持外海和远洋捕捞业的发展，合理安排内水和近海捕捞力量。

（2）渔业许可制度。指国家根据水产资源状况和渔业生产的实际情况，对从事渔业活动的人员及在渔业活动过程中所采取的方法、使用的船舶、涉及的水域、捕捞对象和作业时间的许可或批准。

4. 增殖和保护

渔业资源增殖措施是指为了促进某些经济鱼类大量繁衍，增加其资源量而进行水域环境改造，如对人工鱼、虾苗种等进行放流的一系列措施。

（1）征收渔业资源增殖保护费专用于增殖和保护渔业资源。

（2）建立水产种质资源保护区。指国家为了保护渔业资源或某种特定的经济鱼类及其产卵、越冬场所所采取的特殊保护措施的水域。未经国务院渔业行政主管部门批准，任何单位或者个人不得在水产种质资源保护区内从事捕捞活动。

（3）禁止在禁渔区、禁渔期进行捕捞。禁渔区是指国家或地方政府为了保护一些重要的经济鱼类及其他水生动物的产卵场、索饵场、越冬场，规定禁止全部捕捞作业或某种捕捞作业的水域。禁渔期是指国家对一些重要的经济鱼、虾及其他水生动物的产卵场、索饵场、越冬场实行全面禁捕或禁止某种捕捞作业的期间。

（4）禁止使用的渔具、渔法。禁止使用炸鱼、毒鱼、电鱼等破坏渔业资源的方法进行捕捞。禁止制造、销售、使用禁用的渔具。禁止使用小于最小网目尺寸的网具进行捕捞。捕捞的渔获物中幼鱼不得超过规定的比例。

（5）渔业水域环境保护。渔业水域环境是指适宜水生经济动植物生长、繁殖、索饵、越冬的水域自然环境条件。

5. 监督管理制度

国家对渔业的监督管理，实行统一领导，分级管理。统一领导指国家对渔业的监督管理进行统筹考虑，统一安排；分级管理指各级政府应对所管辖的水域实行渔业监督管理。按照我国现行渔业法规的规定，县级以上地方人民政府渔业行政主管部门可设检查人员，有权对各种渔业及渔业船舶的证件、渔船、渔具、渔获物和捕捞方法进行检查。

6. 法律责任

依法追究民事责任、行政责任的，包括炸鱼、毒鱼，偷捕或抢夺人养的水产品的行为等。依法追究刑事责任的：一是炸鱼、毒鱼，在禁渔区、禁渔期进行捕捞，使用禁用工具、方法捕捞，擅自捕捞国家禁止捕捞的珍贵水生动物，情节严重的；二是偷捕、抢夺他人养殖水产品，破坏他人养殖水体、养殖设施，情节严重的；三是拒绝、阻碍渔政检查人员执行职务，偷窃、哄抢或破坏渔具、渔船、渔获物，渔检人员玩忽职守或徇私枉法，构成犯罪的。

# 第六节 农药、兽药使用规定

## 一、农药的使用规定

### （一）农药的含义

随着农药工业和农业生产的发展，不同的时代和不同的国家都有所差异。根据我国 1997 年颁布的《农药管理条例》和 1999 年颁布的《农药管理条例实施办法》，目前我国所称的农药是指用于预防、消灭或者控制危害农业、林业的病、虫、草和其他有害生物以及有目的地调节植物、昆虫生长的化学合成或者来源于生物、其他天然物质的一种物质或者几种物质的混合物及其制剂。

### （二）合理轮换使用农药

由于农药在使用过程中，病、虫、草等会不可避免地产生抗药性，特别是在一个地区长期单独使用一种农药时，将会加速抗药性的产生，因此在使用农药时必须强调要合理轮换使用不同种类的农药，以减缓抗药性的发展。

### （三）农药的运输

农药是一种特殊商品，既有有利的一面，也有有害的一面，如对人、畜有毒，有的还为高毒。在贮运和保管过程中，如果不掌握农药特性，方法不当，就可能引起人畜中毒、腐蚀、渗漏、火灾等不良后果，或者造成农药的失效、降解以及因误用所引起的作物药害等不必要的损失。因此，在农药的运输、贮存过程中，应严格按照我国《农药贮运、销售和使用的防毒规程》这一国家标准进行。

在运输农药时，应注意如下事项。

（1）运输农药前首先要了解运送的是什么农药，毒性怎样，有什么注意事项及有关中毒预防知识等，做到会防毒，发生事故会处理。

（2）运输前要检查包装，如发现破损，要改换包装或修补，防止农药渗漏。损坏的药瓶、纸袋要集中保管，统一处理，不能乱扔，以免引起人畜中毒或造成农药污染。

（3）专车运输，不与食品、饲料、种子和生活用品等混装。

（4）装卸时要轻拿轻放，不得倒置，严防碰撞、外溢和破损。装车时堆放整齐，重不压轻，标记向外，箱口朝上，放稳扎妥。

（5）装卸和运输人员在工作时要搞好安全防护，戴口罩、手套，穿长衣裤。若农药污染皮肤，应立即用肥皂、清水冲洗。工作期间不抽烟、不喝水、不吃东西。

（6）运输必须安全、及时、准确。要正确选择路线，时速不宜过快，防止翻车事故。运输途中休息时应将车停靠阴凉处防止暴晒，并离居民区200米以外。要经常检查包装情况，防止散包、破包或破箱、破瓶出现。雨天运输时车船上要有防雨设施，避免雨淋。

（7）搬运完毕，运输工具要及时清洗消毒，搬运人员应及时洗澡、换衣。

**（四）农药的贮存和保管**

农药贮存要根据产品种类分类堆放。根据质量保证期或生产日期，做到先产先用，推陈储新，要防止中毒。防止农药腐蚀及变质、失效。防热、防火、防潮和防冻，严禁与粮食同库等。

具体说，农药的贮存和保管应注意如下事项。

（1）农药仓库结构要牢固，门窗要严密，库房内要求阴凉、干燥、通风,并有防火防潮的措施,防止受潮、阳光直晒和高温影响。

(2)农药必须单独贮存,绝对不能和粮食、种子、饲料、食品等混放,也不能与烧碱、石灰、化肥等物品混放在一起。禁止把汽油、煤油、柴油等易燃物放在农药仓库内。

(3)农药堆放时,要分品种堆放,严防破损、渗漏。对于高毒农药和除草剂要分别专仓保管,以免引起中毒或药害事故。

(4)各种农药进出库时都要记账入册,并根据农药先进先出的原则,防止农药存放多年而失效。对挥发性大和性能不太稳定的农药,如氧乐果、敌敌畏等,不能长期贮存。

(5)农民等用户自家贮存时,要注意将农药单放在一间屋里,防止儿童接近。最好将农药锁在一个单独的柜子或箱子里,不要放在容易使人误食或误饮的地方。一定要将农药保持在原包装中,并贮存在干燥的地方。要注意远离火种和避免阳光直射。

(6)掌握不同剂型农药的贮存特点,采取相应措施妥善保管,如液体农药,包括乳油、水剂等,其特点是易燃烧,易挥发,在贮存时重点是隔热防晒,避免高温,堆放时应注意箱口朝上,保持干燥通风,要严格管理火种和电源,防止引起火灾。固体农药,如粉剂、颗粒剂、片剂等,特点是吸湿性强,易发生变质,贮存时保管重点是防潮隔湿。微生物农药,如苏云金杆菌、井冈霉素、赤毒素等,其特点是不耐高温,不耐贮存,容易吸湿霉变,失活失效,所以宜在低温干燥的环境中保存,而且保存时间不宜超过2年。

## 二、兽药的生产与经营

《兽药管理条例实施细则》指出,国家对兽药生产、经营、进口及医疗单位配制兽药制剂实行许可制度。未经许可,禁止生产、经营、进口兽药及配制兽药制剂。

**（一）兽药生产**

兽药生产企业系指专门生产兽药的企业和兼产兽药的企业，包括上述企业的分厂及生产兽药的各种形式的联营企业和中外合资经营企业、中外合作经营企业、外资企业。开办生产兽用生物制品的企业，必须由所在省、自治区、直辖市农业（畜牧）厅（局）审查同意，报农业部审核批准。新建、扩建、改建的兽药生产企业，必须符合农业部制定的《兽药生产质量管理规范》的规定。

设立兽药生产企业，应当符合国家兽药行业发展规划和产业政策，并具备《兽药管理条例》规定的下列条件。

（1）具有与所生产的兽药相适应的助理工程师、助理兽药师以上技术职务的技术人员及技术工人。

（2）具有与所生产的兽药相适应的厂房、设施和卫生环境。

（3）具有符合国家劳动安全、卫生标准的设施及条件。

（4）具有质量检验机构和专职检验人员及必要的仪器设备。

（5）非专门生产兽药的企业兼生产兽药者，必须有单独的兽药生产区。

符合以上规定条件的，申请人方可向省、自治区、直辖市人民政府兽医行政管理部门提出申请，并附具符合规定条件的证明材料；省、自治区、直辖市人民政府兽医行政管理部门应当自收到申请之日起20个工作日内，将审核意见和有关材料报送国务院兽医行政管理部门。国务院兽医行政管理部门，应当自收到审核意见和有关材料之日起40个工作日内完成审查。经审查合格的，发给《兽药生产许可证》；不合格的，应当书面通知申请人。申请人凭《兽药生产许可证》办理工商登记手续。

《兽药生产许可证》应当载明生产范围、生产地点、有效期和法定代表人姓名、住址等事项。《兽药生产许可证》有效期为五年，有效期届满，需要继续生产兽药的，应当在许可证有效期届满前六个月到原发证机关申请换发新的生产许可证。

**（二）我国禁止使用的兽药**

1. 食品动物禁止使用的兽药

食品动物是指各种供人食用或其产品供人食用的动物。为加强饲料兽药管理，杜绝给食品动物滥用违禁药品。保证兽药安全有效、质量可控，动物食品安全及人类健康。农业部第176号、第193号、第560号公告规定，禁止使用下列兽药及添加剂。

（1）β-兴奋剂类（肾上腺素受体激动剂）。克仑特罗、沙丁胺醇、多巴胺、特布他林、西马特罗及其盐、酯及制剂。

（2）激素类。已烯雌酚、雌二醇、绒毛膜促性腺激素、促卵泡生长素、碘化酪蛋白及其盐、酯及制剂；玉米赤霉醇、去甲雄三烯醇酮、醋酸甲孕酮及制剂。

（3）抗生素合成抗菌素类。氯霉素、万古霉素、头孢哌酮、头孢噻肟、头孢曲松（头孢三嗪）、头孢噻吩、头孢拉啶、头孢唑啉、头孢噻啶、罗红霉素、克拉霉素、阿奇霉素、磷霉素、硫酸奈替米星、氟罗沙星、司帕沙星、甲替沙星、克林霉素（氯林可霉素、氯洁霉素）、妥布霉素、胍呢甲基四环素、盐酸甲烯土霉素（美他环素）、两性霉素、利福霉素等及其盐、酯及单复方制剂。

（4）抗病毒类。药金刚乙胺、阿昔洛韦、吗啉（双）胍（病毒灵）、利巴韦林等及其盐、酯及单、复方制剂。

（5）氨苯砜及制剂。

（6）硝基呋喃类。呋喃唑酮、呋喃它酮、呋喃苯烯酸钠、呋喃西林、呋喃妥因及其盐、酯及制剂。

（7）硝基化合物。硝基酚钠、硝呋烯腙、替硝唑、甲硝唑、地美硝唑及其盐及制剂。

（8）喹恶啉类。卡巴氧及其制剂。

（9）催眠、镇静类。安眠酮、巴比妥、氯丙嗪、地西泮（安定）及其盐、酯及制剂。

（10）解热镇痛类等其他药物。双嘧达莫（预防血检检塞性疾病）、聚肌胞、氟胞嘧啶、代森铵（农用杀虫菌剂）、磷酸伯氨喹、磷酸氯喹（抗疟药）、异噻唑啉酮（防腐杀菌）、盐酸地酚诺酯（解热镇痛）、盐酸溴己新（祛痰）、西咪替丁（抑制人胃酸分泌）、盐酸甲氧氯普胺、甲氧氯普胺（盐酸胃复安）、比沙可啶（泻药）、二羟丙茶碱（平喘药）、白细胞介素2、别嘌醇、多抗甲素（α-甘露聚糖肽）等及其盐、酯及制剂。

（11）复方制剂。注射用的抗生素与安乃近、氟喹诺酮类等化学合成药物的复方制剂；镇静类药物与解热镇痛药等治疗药物组成的复方制剂。

（12）抗生素滤渣。该类物质是抗生素类产品生产过程中产生的工业"三废"，因含有微量抗生素成分，在饲料和饲养过程中使用对动物有一定的促生长作用。但对养殖业的危害很大，一是容易引起耐药性；二是由于未做安全性试验，存在各种安全隐患。

（13）各种汞制剂。氯化亚汞（甘汞）、硝酸亚汞、醋酸汞、吡啶基醋酸汞。

2. 出口禽肉允许使用的兽药

青霉素、庆大霉素、卡娜霉素、丁胺卡娜霉素、新霉素、土霉素、金霉素、四环素、盐霉素、莫能霉素、黏杆菌素、阿莫西林、氨苄西林、诺氟沙星、恩诺沙星、红霉素、氢溴酸常山酮、拉沙洛菌素、林可霉素、壮观霉素、安普霉素、达氟沙星、越霉素、强力霉素、潮霉素B、乙氧酰胺苯甲酯、马杜霉素、新生霉素、赛杜霉素钠、复方磺胺嘧啶、磺胺二甲嘧啶、磺胺-2，6-二甲氧嘧啶。

# 第七节　饲料和饲料添加剂的经营和使用规定

饲料是指经工业化加工、制作的供动物食用的产品，包括单一饲料、添加剂预混合饲料、浓缩饲料、配合饲料和精料补充料。饲料添加剂是指在饲料加工、制作、使用过程中添加的少量或者微量物质，包括营养性饲料添加剂和一般饲料添加剂。

为了加强对饲料、饲料添加剂的管理，提高饲料、饲料添加剂的质量，保障动物产品质量安全，维护公众健康，1999 年 5 月 29 日中华人民共和国国务院发布了《饲料和饲料添加剂管理条例》。本条例又经 2011 年 10 月 26 日国务院第 177 次常务会议修订通过，于 2012 年 5 月 1 日起正式施行。

## 一、饲料和饲料添加剂经营

1. 饲料、饲料添加剂经营者具备的条件

（1）有与经营饲料、饲料添加剂相适应的经营场所和仓储设施。

（2）有具备饲料、饲料添加剂使用、贮存等知识的技术人员。

（3）有必要的产品质量管理和安全管理制度。

2. 饲料、饲料添加剂经营者法律规定

（1）饲料、饲料添加剂经营者进货时应当查验产品标签、产品质量检验合格证和相应的许可证明文件。饲料、饲料添加剂经营者不得对饲料、饲料添加剂进行拆包、分装，不得对饲料、饲料添加剂进行再加工或者添加任何物质。

（2）禁止经营用国务院农业行政主管部门公布的饲料原料目录、饲料添加剂品种目录和药物饲料添加剂品种目录以外的任何物质生产的饲料。

（3）饲料、饲料添加剂经营者应当建立产品购销台账，如实记录购销产品的名称、许可证明文件编号、规格、数量、保质期、生产企业名称或者供货者名称及其联系方式、购销时间等。购销台账保存期限不得少于两年。

3. 生产企业、经营者的法律责任

禁止生产、经营、使用未取得新饲料、新饲料添加剂证书的新饲料、新饲料添加剂以及禁用的饲料、饲料添加剂。

禁止经营、使用无产品标签、无生产许可证、无产品质量标准、无产品质量检验合格证的饲料、饲料添加剂。禁止经营、使用无产品批准文号的饲料添加剂、添加剂预混合饲料。禁止经营、使用未取得饲料、饲料添加剂进口登记证的进口饲料、进口饲料添加剂。

禁止对饲料、饲料添加剂作具有预防或者治疗动物疾病作用的说明或者宣传。但是,饲料中添加药物饲料添加剂的,可以对所添加的药物饲料添加剂的作用加以说明。

饲料、饲料添加剂生产企业、经营者有下列行为之一的,由县级以上地方人民政府饲料管理部门责令停止生产、经营,没收违法所得和违法生产、经营的产品,违法生产、经营的产品货值金额不足 1 万元的,并处 2 000 元以上 2 万元以下罚款,货值金额 1 万元以上的,并处货值金额之倍以上 5 倍以下罚款;构成犯罪的,依法追究刑事责任。

(1)在生产、经营过程中,以非饲料、非饲料添加剂冒充饲料、饲料添加剂或者以此种饲料、饲料添加剂冒充他种饲料、饲料添加剂的。

(2)生产、经营无产品质量标准或者不符合产品质量标准的饲料、饲料添加剂的。

(3)生产、经营的饲料、饲料添加剂与标签标示的内容不一致的。

饲料、饲料添加剂生产企业有前款规定的行为,情节严重的，由发证机关吊销、撤销相关许可证明文件；饲料、饲料添加剂经营者有前款规定的行为，情节严重的，通知工商行政管理部门，由工商行政管理部门吊销营业执照。

## 二、饲料和饲料添加剂使用

1. 对养殖者法律规定

（1）国务院农业行政主管部门和县级以上地方人民政府饲料管理部门应当加强饲料、饲料添加剂质量安全知识的宣传，提高养殖者的质量安全意识，指导养殖者安全、合理使用饲料、饲料添加剂。

（2）养殖者应当按照产品使用说明和注意事项使用饲料。在饲料或者动物饮用水中添加饲料添加剂的，应当符合饲料添加剂使用说明和注意事项的要求，遵守国务院农业行政主管部门制定的饲料添加剂安全使用规范。

（3）养殖者使用自行配制的饲料的，应当遵守国务院农业行政主管部门制定的自行配制饲料使用规范，并不得对外提供自行配制的饲料。

（4）使用限制使用的物质养殖动物的，应当遵守国务院农业行政主管部门的限制性规定。禁止在饲料、动物饮用水中添加国务院农业行政主管部门公布禁用的物质以及对人体具有直接或者潜在危害的其他物质，或者直接使用上述物质养殖动物。禁止在反刍动物饲料中添加乳和乳制品以外的动物源性成分。

2. 法律责任

养殖者有下列行为之一的，由县级人民政府饲料管理部门没收违法使用的产品和非法添加物质，对单位处 1 万元以上 5 万元以下罚款，对个人处 5 000 元以下罚款；构成犯罪的，依法追究刑事责任。

（1）使用未取得新饲料、新饲料添加剂证书的新饲料、新饲料添加剂或者未取得饲料、饲料添加剂进口登记证的进口饲料、进口饲料添加剂的。

（2）使用无产品标签、无生产许可证、无产品质量标准、无产品质量检验合格证的饲料、饲料添加剂的。

（3）使用无产品批准文号的饲料添加剂、添加剂预混合饲料的。

（4）在饲料或者动物饮用水中添加饲料添加剂，不遵守国务院农业行政主管部门制定的饲料添加剂安全使用规范的。

（5）使用自行配制的饲料，不遵守国务院农业行政主管部门制定的自行配制饲料使用规范的。

（6）使用限制使用的物质养殖动物，不遵守国务院农业行政主管部门的限制性规定的。

（7）在反当动物饲料中添加乳和乳制品以外的动物源性成分的。

在饲料或者动物饮用水中添加国务院农业行政主管部门公布禁用的物质以及对人体具有直接或者潜在危害的其他物质，或者直接使用上述物质养殖动物的，由县级以上地方人民政府饲料管理部门责令其对饲喂了违禁物质的动物进行无害化处理，处 3 万元以上 10 万元以下罚款；构成犯罪的，依法追究刑事责任。

另外，养殖者对外提供自行配制的饲料的，由县级人民政府饲料管理部门责令改正，处 2 000 元以上 2 万元以下罚款。

### 三、假劣饲料、饲料添加剂的规定

1. 假劣饲料、饲料添加剂的规定

（1）以非饲料、非饲料添加剂冒充饲料、饲料添加剂。

（2）以此种饲料、饲料添加剂冒充他种饲料、饲料添加剂。

（3）饲料、饲料添加剂不符合产品质量标准的。

（4）超过保质期的。

（5）失效、霉变的。

（6）饲料、饲料添加剂所含成分的种类、名称与产品标签上注明的成分的种类、名称不符的。

（7）未取得批准文号的或者批准文号过期作废的。

（8）停用、禁用或者淘汰的饲料、饲料添加剂。

（9）未经审定公布的。

2. 法律责任

（1）法律规定。

①禁止生产、经营、使用未取得新饲料、新饲料添加剂证书的新饲料、新饲料添加剂以及禁用的饲料、饲料添加剂。②禁止经营、使用无产品标签、无生产许可证、无产品质量标准、无产品质量检验合格证的饲料、饲料添加剂。③禁止经营、使用无产品批准文号的饲料添加剂、添加剂预混合饲料。禁止经营、使用未取得饲料、饲料添加剂进口登记证的进口饲料、进口饲料添加剂。④禁止对饲料、饲料添加剂作具有预防或者治疗动物疾病作用的说明或者宣传。但是，饲料中添加药物饲料添加剂的，可以对所添加的药物饲料添加剂的作用加以说明。

（2）违规处罚。饲料、饲料添加剂生产企业、经营者有下列行为之一的，由县级以上地方人民政府饲料管理部门责令停止生产、经营，没收违法所得和违法生产、经营的产品，违法生产、经营的产品货值金额不足1万元的，并处2 000元以上2万元以下罚款，货值金额1万元以上的，并处货值金额2倍以上5倍以下罚款；构成犯罪的，依法追究刑事责任。

①在生产、经营过程中，以非饲料、非饲料添加剂冒充饲料、饲料添加剂或者以此种饲料、饲料添加剂冒充他种饲料、饲料添加剂的。②生产、经营无产品质量标准或者不符合产品质量标准的饲料、饲料添加剂的。③生产、经营的饲料、饲料

添加剂与标签标示的内容不一致的。

　　饲料、饲料添加剂生产企业有上述规定的行为，情节严重的，由发证机关吊销、撤销相关许可证明文件；饲料、饲料添加剂经营者有前款规定的行为，情节严重的，通知工商行政管理部门，由工商行政管理部门吊销营业执照。

# 第十三章 动植物防疫和农产品质量安全法律制度

## 第一节 中华人民共和国动物防疫法

### 一、法律修订

1997 年 7 月 3 日第八届全国人民代表大会常务委员会第二十六次会议通过，1997 年 7 月 3 日中华人民共和国主席令第八十七号公布，自 1998 年 1 月 1 日起施行。

2007 年 8 月 30 日第十届全国人民代表大会常务委员会第二十九次会议修订，自 2008 年 1 月 1 日起施行。

2013 年 6 月 29 日第十二届全国人民代表大会常务委员会第三次会议通过，对《中华人民共和国动物防疫法（以下简称《动物防疫法》)》作出修改。修改如下。

将第五十四条第一款修改为："国家实行执业兽医资格考试制度。具有兽医相关专业大学专科以上学历的，可以申请参加执业兽医资格考试；考试合格的，由省、自治区、直辖市人民政府兽医主管部门颁发执业兽医资格证书；从事动物诊疗的，还应当向当地县级人民政府兽医主管部门申请注册。执业兽医资格考试和注册办法由国务院兽医主管部门商国务院人事行政部门制定。"

### 二、动物疫病的分类

《动物防疫法》第四条规定，根据动物疫病对养殖业生产和人体健康的危害程度，本法规定管理的动物疫病分为下列三类。

一类疫病是指对人与动物危害严重，需要采取紧急、严厉的强制预防、控制、扑灭等措施的疫病有 17 种。其中口蹄疫、猪瘟、高致病性猪蓝耳病、高致病性禽流感是国家要求实施强制免疫并提供免费疫苗的疫病，羊痘和新城疫是要求实施全面免疫的疫病。

二类疫病是指可能造成重大经济损失，需要采取严格控制、扑灭等措施，防止扩散的疫病，包括狂犬病、布鲁氏菌病、炭疽、猪链球菌病、鸡传染性喉气管炎、鸡传染性支气管炎、禽霍乱等 77 种。

三类疫病是指常见多发、可能造成重大经济损失，需要控制和净化的疫病。包括大肠杆菌病、李氏杆菌病、肝片吸虫病、附红细胞体病、猪传染性胃肠炎、猪流行性感冒、禽结核病等 68 种。

一类动物疫病、二类动物疫病、三类动物疫病具体病种名录由国务院兽医主管部门制定并公布。

### 三、饲养动物的单位和个人的法定义务

（1）依法履行动物疫病强制免疫义务，按照兽医部门的要求做好免疫、消毒等动物疫病预防工作。

（2）按照兽医部门的规定建立免疫档案，加施畜禽标识。

（3）及时向兽医部门报告动物疫情，不对社会发布动物疫情信息。

（4）按照兽医部门的规定处理病死或者死因不明的动物尸体及其排泄物、垫料、包装物、容器等污染物。

（5）遵守县级以上人民政府及其兽医主管部门依法作出的有关控制、扑灭动物疫病规定。

（6）接受并配合动物卫生监督所的监督检查。

（7）接受并配合动物疫病预防控制中心对动物疫病的检测。

（8）开办的养殖场要具备国务院兽医主管部门规定的动物防疫条件，并取得县级以上地方人民政府兽医主管部门颁发的《动物防疫条件合格证》。

（9）销售动物前要向动物卫生监督所申报检疫。

（10）依法按规定标准缴纳动物检疫费、检测费。

## 四、养殖场办理动物防疫条件合格证

首先，应向县级以上兽医主管部门提出申请，并附相关材料；其次，接受动物卫生监督所的现场审查，经审查合格，发给动物防疫条件合格证；最后，需要办理工商登记的话，再持动物防疫条件合格证到工商部门申办登记注册手续。

如果不办理动物防疫条件合格证，根据《动物防疫法》第七十七条规定：由动物卫生监督机构责令改正，处一千元以上一万元以下罚款；情节严重的，处一万元以上十万元以下罚款。

## 五、从事动物养殖的单位和个人，应要承担的责任

根据《动物防疫法》第七十三条规定，由动物卫生监督机构责令改正，给予警告；拒不改正的，由动物卫生监督机构代作处理，所需处理费用由违法行为人承担，可以处一千元以下罚款。

## 六、动物养殖场不依法建立养殖档案，要承担的法律责任

根据《动物防疫法》第七十四条、《中华人民共和国畜牧法》（以下简称《畜牧法》）第六十六条规定，可以处一万元以下罚款。

## 七、不依法加施畜禽标识的，要承担的法律责任

根据《动物防疫法》第七十四条、《畜牧法》第六十八条规定，不加施畜禽标识的，可以处2 000元以下罚款。

### 八、不依法接受对动物疫病的检测，要承担的法律责任

《动物防疫法》第十五条规定，动物疫病预防控制机构应当按照国务院兽医主管部门的规定，对动物疫病的发生、流行等情况进行监测；从事动物饲养、屠宰、经营、隔离、运输以及动物产品生产、经营、加工、贮藏等活动的单位和个人不得拒绝或者阻碍。

拒绝动物疫病预防控制机构进行动物疫病监测、检测的，根据《动物防疫法》第八十三条规定，由动物卫生监督机构责令改正；拒不改正的，对违法行为单位处一千元以上一万元以下罚款，对违法行为个人可以处五百元以下罚款。

### 九、动物疫情的报告

根据《动物防疫法》第二十六条规定，以下单位和个人有报告动物疫情的法定义务：①从事动物疫病研究与诊疗的；②从事动物饲养的；③屠宰动物的；④经营动物的；⑤运输动物的；⑥实施动物隔离的；⑦对动物进行监测与检疫的；⑧发现动物染疫或者疑似染疫的。

发现动物疫情的单位和个人，应当立即向以下任何一个单位报告：①当地兽医主管部门；②当地动物卫生监督所；③当地动物疫病预防控制中心。

## 第二节　植物检疫制度

### 一、植物检疫的概述

植物检疫（plant quarantine）以立法手段防止植物及其产品在流通过程中传播有害生物的措施。植物保护工作的一个方面，其特点是从宏观整体上预防一切（尤其是本区域范围内没有的）

有害生物的传入、定植与扩展。由于它具有法律强制性，在国际文献上常把"法规防治""行政措施防治"作为它的同义词。

中国的植物检疫始于 20 世纪 30 年代。1949 年以后，在对外贸易部商品检验局下设置了植物检疫机构，建立中国统一的植物检疫制度，颁布了"输出输入植物病虫害检验暂行办法"，并陆续在中国海陆口岸开展对外植物检疫工作；国内植物检疫则由农业部管理。

## 二、植物检疫的实施与处理

### （一）实施

根据有害生物的分布地域性、扩大分布为害地区的可能性、传播的主要途径、对寄主植物的选择性和对环境的适应性，以及原产地自然天敌的控制作用和能否随同传播等情况制定。其内容一般包括检疫对象、检疫程序、技术操作规程、检疫检验和处理的具体措施等，具有法律约束力。法规对进口植物材料的大小、年龄和类型，检疫对象的已知寄主植物、转主寄主、第二寄主或贮主，包装材料，以及可以或禁止从哪些国家或地区进口、只能经由哪些指定的口岸入境和进口的时间等，也有相应的规定。除国家制定的法规外，国际间签订的协定、贸易合同中的有关规定，也同样具有法律约束力，国际上通行的植物检疫法规，有综合的和单项的两种形式。

### （二）处理

通过检疫检验发现有害生物后，一般采取以下处理措施：①禁止入境或限制进口。在进口的植物或其产品中，经检验发现有法规禁运的有害生物时，应拒绝入境或退货，或就地销毁。有的则限定在一定的时间或指定的口岸入境等。②消毒除害处理。对休眠期或生长期的植物材料，到达口岸时用农药进行化学处理或热处理。③改变输入植物材料的用途。对于发现疫情的植物材料，可改变原订的用途计划，如将原计划用于的材料在控制的条件下进行加工食用，或改变原定的种植地区等。④铲除受害植物，消灭初发疫源地。一旦危险性有害生物入侵后，在其未广泛传播之前，就将已入侵地区划为"疫区"严密封锁，是检疫处理中的最后保证措施。

## 第三节　农产品质量安全法律制度

随着人民生活水平、健康意识的日益提高，以及世界经济贸易一体化的不断推进，农产品质量安全问题日益成为全社会关注的焦点，并成为新农业发展历程中亟待解决的主要问题之一。

### 一、农产品质量安全的概念

农产品是指来源于农业的初级产品，即在农业活动中获得的植物、动物、微生物及其产品。可以从下面几个方面来具体界定和理解：①农产品的范围包括在农业活动中直接获得的未经加工以及经过分拣、去皮、剥壳、清洗、切割、冷冻、打蜡、分级、包装等粗加工但未改变基本自然形状和化学性质的加工品。如蔬菜、加工前的鲜奶、捕捞船上的渔获物等；②农业活动包括传统的种植、养殖、捕捞、采摘，也包括现代农业中的设施农业、生物工程、基因工程等方式；③农产品主要指食用农产品，也包括非食用农产品。

农产品质量安全，是指农产品的生产、包装、贮藏、运输、销售的全过程实现标准化，并且对人类无危险，对产品和环境无危害。

农产品质量安全标准，是指依照有关法律、行政法规的规定制定和发布的农产品质量安全的强制性的技术规范。它是政府履行农产品质量安全监督管理职能的基础，是农产品生产经营者自控的准绳，是判断农产品质量安全的依据，是开展农产品产地认证和产品认证的依据，更是各级政府部门开展例行监测和市场监督抽查的依据。农产品质量安全标准一经发布，就具有法律效力。按照作用范围和等级，农产品质量安全标准可分为国家标准、行业标准、地方标准和企业标准四类。

## 二、农产品质量安全法的概念及其适用范围

农产品质量安全法是指调整农产品质量安全的法律法规的总称。狭义的农产品质量安全法指第十届全国人民代表大会常务委员会第二十一次会议于 2006 年 4 月 29 日通过，自 2006 年 11 月 1 日起施行的《中华人民共和国农产品质量安全法》（以下简称《农产品质量安全法》）。广义的农产品质量安全法指《农产品质量安全法》和与此相关的法律法规，包括已经颁布实施的《中华人民共和国农产品卫生法》《中华人民共和国标准化法》《中华人民共和国产品质量法》《中华人民共和国计量法》《中华人民共和国农业法》《中华人民共和国种子法》《中华人民共和国渔业法》《农药管理条例》《兽药管理条例》《饲料和饲料添加剂管理条例》等法律法规。

**（一）《农产品质量安全法》的调整范围**

（1）行为主体包括农产品的生产者、销售者、农产品质量安全管理者及相应的检测技术机构和人员。

（2）管理环节涉及农产品质量安全管理中"从农田到餐桌"的全过程，包括对农产品产地、农业生产过程、包装标识、监督检查和法律责任 5 个主要环节的规范，并明确了各方主体所承担的法律责任。

**（二）《农产品质量安全法》的基本原则**

（1）全程监控与突出源头治理相结合。在遵循全程监管的基础上，重点对农产品生产源头、产地环境、农业投入品和生

产过程加强管理，建立市场准入制度。

（2）从严要求与区别对待相结合。农产品生产、加工和销售涉及不同行为主体，根据实际情况，对广大农户重在引导、教育和技术指导，对农民专业合作经济组织、生产企业、批发市场等组织化程度较高的主体则重在健全制度，规范行为。

（3）统一管理与分工负责相结合。在明确农业行政主管部门主体监管作用的同时，充分尊重我国现行体制，发挥各相关职能部门的作用。

（4）借鉴国际惯例与尊重国情农情相结合。借鉴国际惯例设计我国的农产品质量安全管理制度，同时考虑我国的实际情况，增强管理制度的针对性和可行性。

（5）政府部门监管和行业协会自律相结合。在加强政府监管的同时，充分发挥农民专业合作经济组织、农产品行业协会和消费者团体的服务、自律和监督作用。

### 三、农产品质量安全法的主要内容

#### （一）农产品产地

（1）管理部门县级以上地方人民政府具有监管主体地位。

第一，县级以上地方人民政府农业行政主管部门按照保障农产品质量安全的要求，根据农产品品种特性和生产区域大气、土壤、水体中有毒有害物质状况等因素，认为不适宜特定农产品生产的，提出禁止生产的区域，报本级人民政府批准后公布。

第二，县级以上人民政府应当采取措施，加强农产品基地建设，改善农产品的生产条件。

（2）农产品产地的禁止性规定主要有以下3项。

第一，禁止在有毒有害物质超过规定标准的区域生产、捕捞、采集食用农产品和建立农产品生产基地。

第二，禁止违反法律、法规的规定向农产品产地排放或者倾倒废水、废气、固体废物或者其他有毒有害物质。农业生产用水和用作肥料的固体废物，应当符合国家规定的标准。

第三，农产品生产者应当合理使用化肥、农药、兽药、农用薄膜等化工产品，防止对农产品产地造成污染。

**（二）农产品生产**

（1）农业投入品的生产许可与监督抽查。对可能影响农产品质量安全的农药、兽药、饲料和饲料添加剂、肥料、兽医器械，依照有关法律、行政法规的规定实行许可制度。各级政府农业行政主管部门应当定期对农业投入品进行监督抽查，并公布抽查结果，建立健全农业投入品的安全使用制度。

（2）农产品生产档案记录。农产品生产企业和农民专业合作经济组织应当建立农产品生产记录，记载事项包括：①使用农业投入品的名称、来源、用法、用量和使用、停用的日期；②动物疫病、植物病虫草害的发生和防治情况；③收获、屠宰或者捕捞的日期。农产品生产记录应当保存 2 年。禁止伪造农产品生产记录。

（3）农产品质量安全控制体系主要包括以下两个环节。

①农产品生产者自检。农产品生产者应当按照法律、行政法规和国务院农业行政主管部门的规定，合理使用农业投入品，严格执行农业投入品使用安全间隔期或者休药期的规定，防止危及农产品质量安全。②农产品行业协会自律。农产品生产企业和农民专业合作经济组织，应当自行或者委托检测机构对农产品质量安全状况进行检测。农民专业合作经济组织和农产品行业协会对其成员应当及时提供生产技术服务，建立农产品质量安全管理制度，健全农产品质量安全控制体系，加强自律管理。

**（三）农产品包装和标识**

1. 农产品包装与标识的要求

包装上市的农产品，应当在包装上标注或者附加标识，标明农产品的品名、产地、生产者或者销售者名称、生产日期。有分级标准或者使用添加剂的，还应当标明产品质量等级或者添加剂名称。不能包装的农产品，应当采取附加标签、标识牌、标识带、说明书等形式标明农产品的品名、生产地、生产者或者销售者名称等内容。其目的是逐步建立农产品质量安全追溯制度。

2. 对于特定农产品的要求

其一，国务院农业主管部门规定在销售时应当包装和附加标识的农产品，应当按照规定包装或者附加标识后方可销售。

其二，属于农业转基因生物的农产品，应当按照农业转基因生物安全管理的规定进行标识。

其三，依法需要实施检疫的动植物及其产品，应当附具检疫合格的标志、证明；农产品在包装、保鲜、贮存、运输中使用的保鲜剂、防腐剂和添加剂等材料，应当符合国家有关强制性的技术规范。

其四，销售的农产品符合农产品质量安全标准的，生产者可以申请使用无公害农产品标识。

其五，农产品质量符合国家规定的有关优质农产品标准的，生产者可以申请使用相应的农产品质量标志。

以上法规既保护了消费者对农产品基本情况的知情权，也改变了农产品市场由于信息不对称引起的逆向选择，为安全优质农产品的生产者得到应有收益提供了基本保障。

**（四）监督检查**

农产品上市将实施严格的市场准入和监督抽查制度。

1. 农产品不得上市销售的情形

其一，含有国家禁止使用的农药、兽药或者其他化学物质的。

其二，农药、兽药等化学物质残留或者含有的重金属等有毒有害物质不符合农产品质量安全标准的。

其三，含有的致病性寄生虫、微生物或者生物毒素不符合农产品质量安全标准的。

其四，使用的保鲜剂、防腐剂、添加剂等材料不符合国家有关强制性的技术规范的。

其五，其他不符合农产品质量安全标准的。

2. 农产品质量安全监测制度

县级以上人民政府农业行政主管部门对生产中或者市场上销售的农产品进行监督抽查。监督抽查结果由省级以上人民政府农业行政主管部门按照权限予以公布，以保障公众对农产品质量安全状况的知情权。

监督抽查检测应当委托具有相应的检测条件和能力的检测机构承担，不得向被抽查人收取费用，被抽查人对监督抽查结果有异议的，可以申请复检。

县级以上农业主管部门可以对生产、销售的农产品进行现场检查，查阅、复制与农产品质量安全有关的记录和其他资料，调查了解相关情况，对经检测不符合农产品质量安全标准的农产品，有权查封、扣押；对检查发现的不符合农产品质量安全标准的产品，责令其停止销售，并进行无害化处理或者予以监督销毁。

# 主要参考文献

丁鸿.2015.农村政策与法律法规［M］.南京：江苏人民出版社.

赵慧峰，王春平.2015.农村政策与法规［M］.北京：金盾出版社.